住房城乡建设部土建类学科专业"十三五"规划教材

高等学校工程管理和工程造价专业系列教材

建筑安装工程造价

赵金煜　周　霞　主编

中国建筑工业出版社

图书在版编目（CIP）数据

建筑安装工程造价 / 赵金煜，周霞主编 . —北京：中国建筑工业出版社，2021.8（2023.12 重印）

住房城乡建设部土建类学科专业"十三五"规划教材

高等学校工程管理和工程造价专业系列教材

ISBN 978-7-112-26452-0

Ⅰ . ①建… Ⅱ . ①赵… ②周… Ⅲ . ①建筑安装—工程造价—高等学校—教材 Ⅳ . ① TU723.3

中国版本图书馆 CIP 数据核字（2021）第 161216 号

本教材根据《建设工程工程量清单计价规范》GB 50500—2013、《通用安装工程工程量计算规范》GB 50856—2013 及 2012 年《北京市建设工程计价依据——预算定额》编写，简单介绍了安装工程各专业的施工工艺和施工图识读方法，详细完整地介绍了计量与计价的原理和方法。教材主要内容包括建筑安装工程造价概述、电气工程的施工工艺、施工图识读和计量与计价，给排水、采暖和燃气工程的施工工艺、施工图识读和计量与计价，建筑消防工程的施工工艺、施工图识读和计量与计价，通风空调工程的施工工艺、施工图识读和计量与计价，建筑智能化工程的施工工艺和计量与计价，刷油、防腐、绝热工程的施工工艺和计量与计价。

本教材可作为工程造价、工程管理、建筑环境与能源工程、给排水工程、建筑电气与智能化工程等专业的教学用书，也可作为建筑类相关专业学生和建筑安装造价从业人员学习的教材和参考书。

为更好地支持相应课程的教学，我们向采用本书作为教材的教师提供教学课件，有需要者可与出版社联系，邮箱：jckj@cabp.com.cn，电话：（010）58337285，建工书院 http://edu.cabplink.com（PC 端）。

责任编辑：张　晶　牟琳琳
责任校对：赵　菲

住房城乡建设部土建类学科专业"十三五"规划教材
高等学校工程管理和工程造价专业系列教材
建筑安装工程造价
赵金煜　周　霞　主编

*

中国建筑工业出版社出版、发行（北京海淀三里河路 9 号）

各地新华书店、建筑书店经销
北京雅盈中佳图文设计公司制版
廊坊市海涛印刷有限公司印刷

*

开本：787 毫米 × 1092 毫米　1/16　印张：$13\frac{1}{4}$　字数：281 千字
2021 年 9 月第一版　2023 年 12 月第二次印刷
定价：**39.00** 元（赠教师课件）
ISBN 978-7-112-26452-0
（37678）

序　言

　　全国高等学校工程管理和工程造价学科专业指导委员会（以下简称专指委），是受教育部委托，由住房城乡建设部组建和管理的专家组织，其主要工作职责是在教育部、住房城乡建设部、高等学校土建学科教学指导委员会的领导下，负责高等学校工程管理和工程造价类学科专业的建设与发展、人才培养、教育教学、课程与教材建设等方面的研究、指导、咨询和服务工作。在住房城乡建设部的领导下，专指委根据不同时期建设领域人才培养的目标要求，组织和富有成效地实施了工程管理和工程造价类学科专业的教材建设工作。经过多年的努力，建设完成了一批既满足高等院校工程管理和工程造价专业教育教学标准和人才培养目标要求，又有效反映相关专业领域理论研究和实践发展最新成果的优秀教材。

　　根据住房城乡建设部人事司《关于申报高等教育、职业教育土建类学科专业"十三五"规划教材的通知》（建人专函〔2016〕3号），专指委于2016年1月起在全国高等学校范围内进行了工程管理和工程造价专业普通高等教育"十三五"规划教材的选题申报工作，并按照高等学校土建学科教学指导委员会制定的《土建类专业"十三五"规划教材评审标准及办法》以及"科学、合理、公开、公正"的原则，组织专业相关专家对申报选题教材进行了严谨细致地审查、评选和推荐。这些教材选题涵盖了工程管理和工程造价专业主要的专业基础课和核心课程。2016年12月，住房城乡建设部发布《关于印发高等教育 职业教育土建类学科专业"十三五"规划教材选题的通知》（建人函〔2016〕293号），审批通过了25种（含48册）教材入选住房城乡建设部土建类学科专业"十三五"规划教材。

　　这批入选规划教材的主要特点是创新性、实践性和应用性强，内容新颖，密切结合建设领域发展实际，符合当代大学生学习习惯。教材的内容、结构和编排满足高等学校工程管理和工程造价专业相关课程的教学要求。我们希望这批教材的出版，有助于进一步提高国内高等学校工程管理和工程造价本科专业的教育教学质量和人才培养成效，促进工程管理和工程造价本科专业的教育教学改革与创新。

高等学校工程管理和工程造价学科专业指导委员会

前　言

　　建筑安装工程造价是一门实务性很强、多专业交叉的专业课程，也是一门政策性较强的课程，不仅涉及工程造价的计量和计价的计算方法、政策法规等内容，也涉及建筑设备工程的多个学科知识，包括电气工程、给排水、采暖及燃气工程、建筑消防工程、通风空调工程、建筑智能化工程、刷油、防腐蚀、绝热工程等多个专业的设备和材料的安装、施工工艺。本书编写的内容主要侧重于建筑安装工程的相关内容，主要有民用建筑的电气、给排水、采暖、燃气、建筑消防、通风空调、建筑智能化、刷油、防腐蚀、绝热等单位工程的材料和设备施工工艺、施工图的识读方法、计量和计价规范标准。在解决专业知识的基础上，工程量清单的计量和计价原理、方法可以通过"举一反三"的方式进行学习。

　　本教材根据国家标准《建设工程工程量清单计价规范》GB 50500—2013 和《通用安装工程工程量计算规范》GB 50856—2013 编写，阐述安装工程工程量清单计量与计价原理。工程造价具有很强的地域性，不同的地区的定额文件不同，本教材根据 2012 年《北京市建设工程计价依据——预算定额》阐述分部分项工程综合单价、措施项目费的计取。其他地区采用本书时，必须遵循本地的定额和相关规定。由于定额、法规的时效性，每年新的文件都会出现，教材无法跟上变化，在使用本教材时应及时跟踪调整。

　　本教材体系内容完整，既阐述了清单计价规范和工程量计算规范，也阐述了 2012 北京市安装工程预算定额。每章首先介绍了各专业的基础知识、材料设备、施工工艺；接着简单介绍了相应的识图基础；最后介绍了国家规范和政策法规。在每章的开头有每章的学习要点，最后有知识小结和思考题，方便使用者进行学习。本书可作为工程管理专业和工程造价专业的专业教材，也可作为建筑类相关专业学生和建筑安装造价从业人员学习的教材和参考书。

　　本书由赵金煜、周霞主编，北京建筑大学周霞编写第 1 章，并负责统稿，北京建筑大学赵金煜编写第 3~5 章，河北建筑工程学院赵静编写了第 2 章，北方工业大学张召冉编写了第 6 章和第 7 章，研究生王定河、徐玉泽、王悦在编写过程中负责了大量资料搜集和书稿整理工作。

在编写过程中，参阅了一些参考书和国家有关的规范和标准，作为参考书目列于本教材之后，在此对参考书籍的原作者表示衷心感谢！

由于编者水平有限，书中难免有疏漏和不足之处，敬请广大读者批评指正。

编者

目　录

1

建筑安装工程造价概述

学习要点：

（1）掌握工程造价的含义，工程造价按照费用构成要素划分和工程造价形成划分的内容；

（2）掌握工程造价的计价程序；

（3）了解现行工程量清单计价规范、2012 北京市安装工程预算定额。

1.1   建筑安装工程造价的定义与构成

1.1.1   建筑安装工程简介

1.建设项目

（1）建设项目概念

建设项目是指将一定量（限额以上）的投资，在一定的约束条件下（时间、资源、质量），按照一个科学的程序，经过决策（设想、建议、研究、评估、决策）和实施（勘察、设计、施工、竣工验收、动用），最终形成固定资产特定目标的一次性建设任务。建设项目是限定资源、限定时间、限定质量的一次性建设任务。它具有单件性的特点，具有一定的约束：确定的投资额、确定的工期、确定的资源需求、确定的空间要求（包括土地、高度、体积、长度）、确定的质量要求。

例如，投入一定的资金，在某一地点、某段时间内按照总体设计建造一所学校，即可称为一个项目。

建设项目应满足下列要求：

1）技术上，满足在一个总体设计或初步设计范围内；

2）构成上，由一个或几个相互关联的单项工程组成；

3）在建设过程中，实行统一核算、统一管理。

（2）建设项目的层次划分

1）单项工程

单项工程是指在一个建设项目中，具有独立的设计文件，竣工后可以独立发挥生产能力或效益的一组配套齐全的工程项目。如教学楼、办公楼、图书馆、食堂、宿舍等。一个单项工程由若干单位工程组成。

2）单位工程

单位工程是指具有单独设计，可以独立组织施工，竣工后不能独立发挥生产能力或效益的工程。一个单项工程可以分为建筑工程、设备安装工程两大单位工程，也可以分为土建工程、电气照明工程、室内给排水工程、通风空调工程、消防工程、采暖工程等单位工程。

3）分部工程

分部工程是单位工程的组成部分，指在单位工程中，按照单位工程的专业性质、建筑部位等划分的工程。如电气设备安装单位工程又划分为变压器、配电装置、配管配线、照明器具等分部工程。

4）分项工程

分项工程是分部工程的组成部分，它是指分部工程中，按照不同的施工方法、不同的材料、不同的规格而进一步划分的形成建筑产品基本构件的施工过程。如通风空调系统薄钢板通风通道的制作安装中又按管道的形状和厚度分为若干个分项工程。

2. 建筑安装工程

建筑安装工程是建设项目组成中的单位工程，分为建筑工程和安装工程两部分。安装工程是设备安装工程的简称，是指各种设备、装置的安装工程。

安装工程按建设项目的划分原则，均属单位工程，它们具有单独的施工设计文件，并有独立的施工条件，是工程造价预算的完整对象。

按照《通用安装工程工程量计算规范》GB 50856—2013 规定，安装工程是指各种设备、装置的安装工程，通常包括：工业、民用设备，电气、智能化控制设备，自动化控制仪表，通风空调，工业、消防、给排水、采暖燃气管道以及通信设备安装等。其中，设备是指各类机械设备、静置设备、电气设备、自动化控制仪表和智能化设备等；管路是指按等级使用要求，将各类不同压力、温度、材质、介质、型号、规格的管道与管件、附件组合形成的系统；线路是指按等级使用要求，将各类不同型号、规格、材质的电线电缆与组件、附件组合形成的系统。

安装工程实体项目具有建设项目普遍的特点，如工程实体的单件性、固着性和建设的长期性等，除此之外，安装工程项目还有以下特点：

（1）设计的多样性。由于安装工程涉及许多行业，每个行业各有设计标准及独立的设计风格，因而安装工程项目具有设计的多样性。

（2）工程运行的危险性。大部分安装工程要动态运行，有高温、高压、易燃、易爆的特点，工程实体要能经受住这些危险因素的考验。

（3）环境条件的苛刻性。有些项目建在水下、高山、高寒、多尘沙、多盐雾地区，如超高压输变电、长输管道项目，工程实体要能经受住这些恶劣环境的考验。

每个具体项目依据项目性质由以下几种专业工程联合组成：土建工程、给水、排水、供暖、卫生工程、电气工程、通风与空调工程、工艺管道工程、工艺金属结构工程、设备安装工程、炉窑砌筑工程、自动化仪表工程、建筑智能化工程、消防工程、防腐绝热工程、通信工程、太阳能利用工程及其他。

1.1.2 建筑安装工程造价构成

1. 工程造价的含义

工程造价可从两个角度定义。从业主角度，工程造价是建设一项工程预期开支或实际开支的全部固定资产投资费用。包括从策划、决策、实施直至竣工验收所花费的全部费用；从承包商、供应商、设计者角度，工程造价是指工程价格，指为建成一项工程，预计或实际在土地市场、设备市场、技术劳务市场、承包市场等交易活动中形成的建筑安装工程的价格和建设工程总价格。

工程造价的两种含义既共生于一个统一体，又相互区别。最主要的区别在于需求主体和供给主体在市场追求的经济利益不同，因而管理的性质和管理的目标不同。从管理性质上讲，前者属于投资管理范畴，后者属于价格管理范畴。从管理目标上讲，作为项目投资或投资费用，投资者关注的是降低工程造价，以最小的投入获取最大的经济效益，因此，完善项目功能、提高工程质量、降低投资费用、按期交付使用，是投资者始终追求的目标；作为工程价格，承包商所关注的是利润，因此，他们追求的是较低的成本和较高的工程造价。不同的管理目标，反映不同的经济利益，但他们之间的矛盾正是市场的竞争机制和利益风险机制的必然反映。正确理解工程造价的两种含义，不断发展和完善工程造价的管理内容，有助于更好地实现不同的管理目标，提高工程造价的管理水平，从而有利于推动经济全面健康的增长。

　　2. 建设项目总投资

　　建设项目总投资，是指进行一个工程项目的建造所投入的全部资金，包括固定资产投资与流动资金投入两部分。建设工程造价是建设项目投资中的固定资产投资部分，是建设项目从筹建到竣工交付使用的整个建设过程所花费的全部固定资产投资费用，这是保证工程项目建造进程进行的必要资金，是建设项目总投资中最重要的部分。建设工程造价具体包括建设投资、建设期利息（图1-1）。

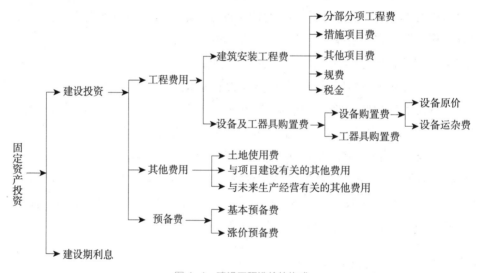

图 1-1　建设工程造价的构成

　　安装工程涉及较多专业，各专业均可对应为一个单位工程，如给排水工程、电气工程、消防工程等。每一个单位安装工程，其工程造价按照费用构成要素组成可划分为人工费、材料（包含工程设备）费、施工机具使用费、企业管理费、利润、规费和税金。另外，为指导工程造价专业人员计算安装工程造价，可将安装工程造价按工程造价形成顺序划分为分部分项工程费、措施项目费、其他项目费、规费和税金。

　　3. 按费用构成要素划分的安装工程造价构成

　　按照建标 [2013]44 号文件规定，建筑安装工程费用项目按费用构成要素组成划分为人工费、材料费、施工机具使用费、企业管理费、利润、规费和税金。其中人工费、材料费、施工机具使用费、企业管理费和利润包含在分部分项工程费、措施项目费、其他项目费中（图1-2）。

（1）人工费

人工费是指按工资总额构成规定，支付给从事建筑安装工程施工的生产工人和附属生产单位工人的各项费用。内容包括：

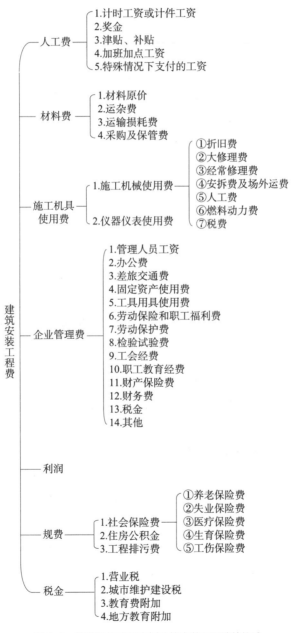

图 1-2　按费用构成要素划分的安装工程造价构成

1）计时工资或计件工资：是指按计时工资标准和工作时间或对已做工作按计件单价支付给个人的劳动报酬。

2）奖金：是指对超额劳动和增收节支支付给个人的劳动报酬，如节约奖、劳动竞赛奖等。

3）津贴、补贴：是指为了补偿职工特殊或额外的劳动消耗和因其他特殊原因支付给个人的津贴，以及为了保证职工工资水平不受物价影响支付给个人的物价补贴，如流动施工津贴、特殊地区施工津贴、高温（寒）作业临时津贴、高空津贴等。

4）加班加点工资：是指按规定支付的在法定节假日工作的加班工资和在法定日工作时间外延时工作的加点工资。

5）特殊情况下支付的工资：是指根据国家法律、法规和政策规定，因病、工伤、产假、计划生育假、婚丧假、事假、探亲假、定期休假、停工学习、执行国家或社会义务等原因按计时工资标准或计时工资标准的一定比例支付的工资。

人工费的计算方法有2种。

方法1：

$$人工费 = \sum（工日消耗量 \times 日工资单价） \tag{1-1}$$

$$日工资单价 = \frac{平均月工资（计时、计件）+ 平均月（奖金 + 津贴补贴 + 特殊情况下支付的工资）}{年平均每月法定工作日} \tag{1-2}$$

注：方法1主要适用于施工企业投标报价时自主确定人工费，也是工程造价管理机构编制计价定额确定定额人工单价或发布人工成本信息的参考依据。

方法2：

$$人工费 = \sum（工程工日消耗量 \times 日工资单价） \tag{1-3}$$

日工资单价是指施工企业平均技术熟练程度的生产工人在每工作日（国家法定工作时间内）按规定从事施工作业应得的日工资总额。

工程造价管理机构确定日工资单价应通过市场调查、根据工程项目的技术要求、参考实物工程量人工单价综合分析确定，最低日工资单价不得低于工程所在地人力资源和社会保障部门所发布的最低工资标准的：普工1.3倍、一般技工2倍、高级技工3倍。

工程计价定额不可只列一个综合工日单价，应根据工程项目技术要求和工种差别适当划分多种日人工单价，确保各分部工程人工费的合理构成。

注：方法2适用于工程造价管理机构编制计价定额时确定定额人工费，是施工企业投标报价的参考依据。

（2）材料费

材料费是指施工过程中耗费的原材料、辅助材料、构配件、零件、半成品或成品、工程设备的费用，具体可分为材料费和工程设备费。

1）材料费

材料费共包括：

材料原价：指材料、工程设备的出厂价格或商家供应价格。

运杂费：指材料、工程设备自来源地运至工地仓库或指定堆放地点所发生的全部费用，一般应包括调车和驳船费、装卸费、运输费和附加工作费等。通常按外埠运费和市内运费两段计算。外埠运输费指由来源地（交货地）运至本市仓库的全部费用；市内运杂费指由本市仓库运至工地仓库的运费。

运输损耗费：指材料在运输装卸过程中不可避免的损耗。

采购及保管费：指为组织采购、供应和保管材料、工程设备的过程中所需要的各项费用。包括采购费、仓储费、工地保管费、仓储损耗。

$$材料费 = \sum（材料消耗量 \times 材料单价） \tag{1-4}$$

$$材料单价 =（材料原价 + 运杂费）\times [1+ 运输损耗率（\%）] \times \\ [1+ 采购保管费率（\%）] \tag{1-5}$$

2）工程设备费

工程设备费是指构成或计划构成永久工程一部分的机电设备、金属结构设备、仪器装置及其他类似的设备和装置，如电梯、风机等。包括设备原价、设备运杂费、采购保管费。

$$工程设备费 = \sum（工程设备量 \times 工程设备单价） \tag{1-6}$$

$$工程设备单价 =（设备原价 + 运杂费）\times [1+ 采购保管费率（\%）] \tag{1-7}$$

（3）施工机具使用费

施工机具使用费是指施工作业所发生的施工机械、仪器仪表使用费或其租赁费。

1）施工机械使用费：以施工机械台班耗用量乘以施工机械台班单价表示，施工机械台班单价应由下列七项费用组成：

折旧费：指施工机械在规定的使用年限内，陆续收回其原值的费用。

大修理费：指施工机械按规定的大修理间隔台班进行必要的大修理，以恢复其正常功能所需的费用。

经常修理费：指施工机械除大修理以外的各级保养和临时故障排除所需的费用。包括为保障机械正常运转所需替换设备与随机配备工具附具的摊销和维护费用，机械运转中日常保养所需润滑与擦拭的材料费用及机械停滞期间的维护和保养费用等。

安拆费及场外运费：安拆费指施工机械（大型机械除外）在现场进行安装与拆卸

所需的人工、材料、机械和试运转费用以及机械辅助设施的折旧、搭设、拆除等费用；场外运费指施工机械整体或分体自停放地点运至施工现场或由一施工地点运至另一施工地点的运输、装卸、辅助材料及架线等费用。

人工费：指机上司机（司炉）和其他操作人员的人工费。

燃料动力费：指施工机械在运转作业中所消耗的各种燃料及水、电等。

税费：指施工机械按照国家规定应缴纳的车船使用税、保险费及年检费等。

$$施工机械使用费 = \sum（施工机械台班消耗量 × 机械台班单价） \qquad （1-8）$$

$$机械台班单价 = 台班折旧费 + 台班大修费 + 台班经常修理费$$
$$+ 台班安拆费及场外运费$$
$$+ 台班人工费 + 台班燃料动力费 + 台班车船税费 \qquad （1-9）$$

注：工程造价管理机构在确定计价定额中的施工机械使用费时，应根据《建筑施工机械台班费用计算规则》结合市场调查编制施工机械台班单价。施工企业可以参考工程造价管理机构发布的台班单价，自主确定施工机械使用费的报价。

2）仪器仪表使用费：是指工程施工所需使用的仪器仪表的摊销及维修费用。

工程设备是指构成或计划构成永久工程一部分的机电设备、金属结构设备、仪器装置及其他类似的设备和装置。

$$仪器仪表使用费 = 工程使用的仪器仪表摊销费 + 维修费 \qquad （1-10）$$

（4）企业管理费

企业管理费是指建筑安装企业组织施工生产和经营管理所需的费用。内容包括：

管理人员工资：是指按规定支付给管理人员的计时工资、奖金、津贴补贴、加班加点工资及特殊情况下支付的工资等。

办公费：是指企业管理办公用的文具、纸张、账表、印刷、邮电、书报、办公软件、现场监控、会议、水电、烧水和集体取暖降温（包括现场临时宿舍取暖降温）等费用。

差旅交通费：是指职工因公出差、调动工作的差旅费、住勤补助费，市内交通费和误餐补助费，职工探亲路费，劳动力招募费，职工退休、退职一次性路费，工伤人员就医路费，工地转移费以及管理部门使用的交通工具的油料、燃料等费用。

固定资产使用费：是指管理和试验部门及附属生产单位使用的属于固定资产的房屋、设备、仪器等的折旧、大修、维修或租赁费。

工具用具使用费：是指企业施工生产和管理使用的不属于固定资产的工具、器具、家具、交通工具和检验、试验、测绘、消防用具等的购置、维修和摊销费。

劳动保险和职工福利费：是指由企业支付的职工退职金、按规定支付给离休干部的经费，集体福利费、夏季防暑降温、冬季取暖补贴、上下班交通补贴等。

劳动保护费：是企业按规定发放的劳动保护用品的支出。如工作服、手套、防暑降温饮料以及在有碍身体健康的环境中施工的保健费用等。

检验试验费：是指施工企业按照有关标准规定，对建筑以及材料、构件和建筑安装物进行一般鉴定、检查所发生的费用，包括自设试验室进行试验所耗用的材料等费用。不包括新结构、新材料的试验费，对构件做破坏性试验及其他特殊要求检验试验的费用和建设单位委托检测机构进行检测的费用，对此类检测发生的费用，由建设单位在工程建设其他费用中列支。但对施工企业提供的具有合格证明的材料进行检测不合格的，该检测费用由施工企业支付。

工会经费：是指企业按《中华人民共和国工会法》规定的全部职工工资总额比例计提的工会经费。

职工教育经费：是指按职工工资总额的规定比例计提，企业为职工进行专业技术和职业技能培训，专业技术人员继续教育、职工职业技能鉴定、职业资格认定以及根据需要对职工进行各类文化教育所发生的费用。

财产保险费：是指施工管理用财产、车辆等的保险费用。

财务费：是指企业为施工生产筹集资金或提供预付款担保、履约担保、职工工资支付担保等所发生的各种费用。

税金：是指企业按规定缴纳的房产税、车船使用税、土地使用税、印花税等。

其他：包括技术转让费、技术开发费、投标费、业务招待费、绿化费、广告费、公证费、法律顾问费、审计费、咨询费、保险费等。

企业管理费的计取有三种方式：

1）以分部分项工程费为计算基础

$$\text{企业管理费} = \frac{\text{生产工人年平均管理费}}{\text{年有效施工天数} \times \text{人工单价}} \times \text{人工费占分部分项工程费比例（\%）} \tag{1-11}$$

2）以人工费和机械费合计为计算基础

$$\text{企业管理费} = \frac{\text{生产工人年平均管理费}}{\text{年有效施工天数} \times （\text{人工单价} + \text{每一工日机械使用费}）} \times 100\% \tag{1-12}$$

3）以人工费为计算基础

$$\text{企业管理费} = \frac{\text{生产工人年平均管理费}}{\text{年有效施工天数} \times \text{人工单价}} \times 100\% \tag{1-13}$$

注：上述公式适用于施工企业投标报价时自主确定管理费，是工程造价管理机构编制计价定额确定企业管理费的参考依据。

工程造价管理机构在确定计价定额中企业管理费时，应以定额人工费（定额人工费 + 定额机械费）作为计算基数，其费率根据历年工程造价积累的资料，辅以调查数据确定，列入分部分项工程和措施项目中。

（5）利润

利润是指施工企业完成所承包工程获得的盈利。

建标 [2013]44 号文件规定，利润的计取方法如下：

1）施工企业根据企业自身需求并结合建筑市场实际自主确定，列入报价中。

2）工程造价管理机构在确定计价定额中利润时，应以定额人工费（定额人工费 + 定额机械费）作为计算基数，其费率根据历年工程造价积累的资料，并结合建筑市场实际确定，以单位（单项）工程测算，利润在税前建筑安装工程费的比重可按不低于 5% 且不高于 7% 的费率计算。利润应列入分部分项工程和措施项目中。

（6）规费

规费是指按国家法律、法规规定，由省级政府和省级有关行政部门规定必须缴纳或计取的费用。包括：

1）社会保险费

养老保险费：是指企业按照规定标准为职工缴纳的基本养老保险费。

失业保险费：是指企业按照规定标准为职工缴纳的失业保险费。

医疗保险费：是指企业按照规定标准为职工缴纳的基本医疗保险费。

生育保险费：是指企业按照规定标准为职工缴纳的生育保险费。

工伤保险费：是指企业按照规定标准为职工缴纳的工伤保险费。

2）住房公积金

住房公积金是指企业按规定标准为职工缴纳的住房公积金。

社会保险费和住房公积金的计取应以定额人工费为计算基础，根据工程所在地省、自治区、直辖市或行业建设主管部门规定费率计算。

$$社会保险费和住房公积金 = \sum（工程定额人工费 \times 社会保险费和住房公积金费率） \quad (1-14)$$

式中：社会保险费和住房公积金费率可以每万元发承包价的生产工人人工费和管理人员工资含量与工程所在地规定的缴纳标准综合分析取定。

3）工程排污费

工程排污费是指按规定缴纳的施工现场工程排污费。

工程排污费等其他应列而未列入的规费应按工程所在地环境保护等部门规定的标准缴纳，按实计取列入。

其他应列而未列入的规费，按实际发生计取。

《2016 年北京市建设工程计价依据——概算定额》、《2012 年北京市建设工程计价依据——预算定额》、《2017 年北京市建设工程计价依据——预算消耗量定额》装配式房屋建筑工程规定北京市规费费用标准见表 1-1。

北京市规费费用标准　　　　　　　表 1-1

项目名称	计费基数	规费费率（%）	其中	
			社会保险费率（%）	住房公积金费率（%）
通用安装工程	人工费	19.52	14.23	5.29
装配式房屋建筑工程	人工费	19.76	13.79	5.97

（7）税金

税金是指国家税法规定的应计入建筑安装工程造价内的增值税、城市维护建设税、教育费附加以及地方教育附加。

自 2016 年 5 月 1 日起，在全国范围内全面推开营业税改征增值税试点，建筑业、房地产业、金融业和生活服务业等全部营业税纳税人纳入试点范围，由缴纳营业税改为缴纳增值税。建筑施工企业属于一般纳税人，税率为 11%。《财政部税务总局关于调整增值税税率的通知》（财税 [2018]32 号）规定：纳税人发生增值税应税销售行为或者进口货物，原适用 11% 税率的，税率分别调整为 10%。为进一步推进增值税实质性减税，2019 年 3 月 20 日，《财政部 税务总局 海关总署 关于深化增值税改革有关政策的公告》（财税 [2019]39 号）将原适用 10% 税率的，调整为 9%。

税金计算公式为：

$$税金 = 税前造价 × 综合税率（%）\qquad(1-15)$$

4. 按工程造价形成顺序划分的安装工程造价构成

根据建标 [2013]44 号文件的规定，建筑安装工程费按照工程造价形成，分为分部分项工程费、措施项目费、其他项目费、规费、税金组成，分部分项工程费、措施项目费、其他项目费包含人工费、材料费、施工机具使用费、企业管理费和利润（图 1-3）。

（1）分部分项工程费

分部分项工程费是指各专业工程的分部分项工程应予列支的各项费用。

1）专业工程：是指按现行国家计量规范划分的房屋建筑与装饰工程、仿古建筑工程、通用安装工程、市政工程、园林绿化工程、矿山工程、构筑物工程、城市轨道交通工程、爆破工程等各类工程。

2）分部分项工程：指按现行国家计量规范对各专业工程划分的项目。如房屋建筑与装饰工程划分的土石方工程、地基处理与桩基工程、砌筑工程、钢筋及钢筋混凝土工程等。

$$分部分项工程费 = \sum（分部分项工程量 × 综合单价）\qquad(1-16)$$

式中：综合单价包括人工费、材料费、施工机具使用费、企业管理费和利润以及一定范

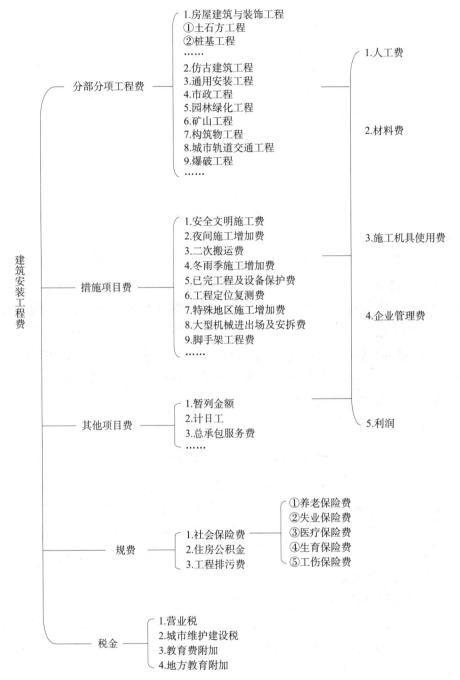

图 1-3　按造价构成划分的安装工程造价构成

围的风险费用。

（2）措施项目费

措施项目费是指为完成建设工程施工，发生于该工程施工前和施工过程中的技术、生活、安全、环境保护等方面的费用。内容包括：

1）安全文明施工费

安全文明施工费是指在工程施工期间按照国家、地方现行的环境保护、建筑施工安全（消防）、施工现场环境与卫生标准等法规与条例的规定，购置和更新施工安全防护用具及设施、改善现场安全生产条件和作业环境所需要的费用。包括环境保护费、文明施工费、安全施工费、临时设施费等。

安全文明施工费以人工费为基数，根据《2012 年北京市建设工程计价依据——预算定额》，安全文明施工费按以下标准计取：

五环内 20.86%，其中人工费占安全文明施工费 10.47%；五环外 18.20%，其中人工费占安全文明施工费 10.47%。

安全文明施工费包括：

①环境保护费：是指施工现场为达到环保部门要求所需要的各项费用。

②文明施工费：是指施工现场文明施工所需要的各项费用。

③安全施工费：是指施工现场安全施工所需要的各项费用。

④临时设施费：是指施工企业为进行建设工程施工所必须搭设的生活和生产用的临时建筑物、构筑物和其他临时设施费用。包括临时设施的搭设、维修、拆除、清理费或摊销费等。

安全文明施工费的计算公式为：

$$安全文明施工费 = 计算基数 \times 安全文明施工费费率（\%） \qquad （1-17）$$

式中，计算基数应为定额基价（定额分部分项工程费 + 定额中可以计量的措施项目费）、定额人工费（定额人工费 + 定额机械费），其费率由工程造价管理机构根据各专业工程的特点综合确定，不得作为竞争性费用。

2）夜间施工增加费：是指因夜间施工所发生的夜班补助费、夜间施工降效、夜间施工照明设备摊销及照明用电等费用。

$$夜间施工增加费 = 计算基数 \times 夜间施工增加费费率（\%） \qquad （1-18）$$

3）二次搬运费：是指因施工场地条件限制而发生的材料、构配件、半成品等一次运输不能到达堆放地点，必须进行二次或多次搬运所发生的费用。

$$二次搬运费 = 计算基数 \times 二次搬运费费率（\%） \qquad （1-19）$$

4）冬雨季施工增加费：是指在冬季或雨季施工需增加的临时设施、防滑、排除雨雪，人工及施工机械效率降低等费用。

$$冬雨季施工增加费 = 计算基数 \times 冬雨季施工增加费费率（\%） \qquad （1-20）$$

5）已完工程及设备保护费：是指竣工验收前，对已完工程及设备采取的必要保护措施所发生的费用。

已完工程及设备保护费 = 计算基数 × 已完工程及设备保护费费率（%）　（1-21）

上述2）3）4）项费用的计费基数应为定额人工费（定额人工费 + 定额机械费），其费率由工程造价管理机构根据各专业工程特点和调查资料综合分析后确定。

6）工程定位复测费：是指工程施工过程中进行全部施工测量放线和复测工作的费用。

7）特殊地区施工增加费：是指工程在沙漠或其边缘地区、高海拔、高寒、原始森林等特殊地区施工增加的费用。

8）大型机械设备进出场及安拆费：是指机械整体或分体自停放场地运至施工现场或由一个施工地点运至另一个施工地点，所发生的机械进出场运输、转移费用及机械在施工现场进行安装、拆卸所需的人工费、材料费、机械费、试运转费和安装所需的辅助设施的费用。

9）脚手架工程费：是指施工需要的各种脚手架搭、拆、运输费用以及脚手架购置费的摊销（或租赁）费用。

措施项目及其包含的内容详见各类专业工程的现行国家或行业计量规范。

【例题】措施项目中属于分部分项工程措施项目的有（　　）。

A.建筑物的临时保护设施费　　　B.已完工程及设备保护费

C.二次搬运费　　　　　　　　　D.脚手架搭拆

【答案】D

【解析】本题考查的是安装工程措施项目清单。总价措施项目费：措施项目费用的发生与使用时间、施工方法或者两个以上的工序相关，无法计算其工程量，以"项"为计量单位进行编制。如安全文明施工费、夜间施工增加费、非夜间施工照明费、二次搬运费、冬雨季施工费、地上和地下设施费、建筑物的临时保护设施费、已完工程及设备保护费等。分部分项工程措施项目：有些措施项目可以计算工程量，即单价措施项目如吊装加固、脚手架搭拆等，这类措施项目按照分部分项工程项目清单的方式采用综合单价计价。

【例题】根据《通用安装工程工程量计算规范》GB 50856—2013，属于安装专业措施项目的有（　　）。（多选）

A.脚手架搭拆　　　　　　　　　B.冬雨季施工增加

C.特殊地区施工增加　　　　　　D.已完工程及设备保护

【答案】AC

【解析】本题考查的是安装工程措施项目清单。冬雨季施工增加与已完工程及设备保护属于通用措施项目。

【例题】依据《通用安装工程工程量计算规范》GB 50856—2013，属于安全文明施工措施项目的有（　　）。（多选）

A.环境保护　　　　　　　　　　B.安全施工

C. 临时设施　　　　　　　　　　　D. 已完工程及设备保护

【答案】ABC

【解析】本题考查的是安装工程措施项目清单。安全文明施工及其他措施项目中包括：安全文明施工（含环境保护、文明施工、安全施工、临时设施）、夜间施工增加、非夜间施工增加、二次搬运、冬雨季施工增加、已完工程及设备保护、高层施工增加。

（3）其他项目费

1）暂列金额：是指建设单位在工程量清单中暂定并包括在工程合同价款中的一笔款项。用于施工合同签订时尚未确定或者不可预见的所需材料、工程设备、服务的采购，施工中可能发生的工程变更、合同约定调整因素出现时的工程价款调整以及发生的索赔、现场签证确认等的费用。

暂列金额，包含在投标总价和合同总价中，但只有施工过程中实际发生了，并且符合合同约定的价款支付程序，才能纳入竣工结算价款中。由建设单位根据工程特点，按有关计价规定估算，施工过程中由建设单位掌握使用、扣除合同价款调整后如有余额，归建设单位。

暂列金额，一般可按分部分项工程费的 10%~15% 估列。

2）计日工：是指在施工过程中，施工企业完成建设单位提出的工程合同范围以外的零星项目或工作，按合同中约定的单价计价的一种方式。由建设单位和施工企业按施工过程中的签证计价。

3）总承包服务费：是指总承包人为配合、协调建设单位进行的专业工程发包，对建设单位自行采购的材料、工程设备等进行保管以及施工现场管理、竣工资料汇总整理等服务所需的费用。由建设单位在招标控制价中根据总包服务范围和有关计价规定编制，施工企业投标时自主报价，施工过程中按签约合同价执行。

（4）规费。定义与按费用构成要素划分的规费相同。

（5）税金。定义与按费用构成要素划分的税金相同。

1.1.3　建筑安装工程造价计价程序（表1-2~表1-4）

建设单位工程招标控制价计价程序　　　　　　　　表 1-2

工程名称：　　　　　　　　标段：

序号	内　容	计算方法	金　额（元）
1	分部分项工程费	按计价规定计算	
1.1			
1.2			
……			
2	措施项目费	按计价规定计算	
2.1	其中：安全文明施工费	按规定标准计算	
3	其他项目费		

续表

序号	内　容	计算方法	金　额（元）
3.1	其中：暂列金额	按计价规定估算	
3.2	其中：专业工程暂估价	按计价规定估算	
3.3	其中：计日工	按计价规定估算	
3.4	其中：总承包服务费	按计价规定估算	
4	规费	按规定标准计算	
5	税金（扣除不列入计税范围的工程设备金额）	（1+2+3+4）× 规定税率	

招标控制价合计 =1+2+3+4+5

施工企业工程投标报价计价程序　　　　　　表 1-3
工程名称：　　　　　　标段：

序号	内　容	计算方法	金　额（元）
1	分部分项工程费	自主报价	
1.1			
1.2			
……			
2	措施项目费	自主报价	
2.1	其中：安全文明施工费	按规定标准计算	
3	其他项目费		
3.1	其中：暂列金额	按招标文件提供金额计列	
3.2	其中：专业工程暂估价	按招标文件提供金额计列	
3.3	其中：计日工	自主报价	
3.4	其中：总承包服务费	自主报价	
4	规费	按规定标准计算	
5	税金（扣除不列入计税范围的工程设备金额）	（1+2+3+4）× 规定税率	

投标报价合计 =1+2+3+4+5

竣工结算计价程序　　　　　　表 1-4
工程名称：　　　　　　标段：

序号	汇总内容	计算方法	金　额（元）
1	分部分项工程费	按合同约定计算	
1.1			
1.2			
……			
2	措施项目	按合同约定计算	
2.1	其中：安全文明施工费	按规定标准计算	
3	其他项目		
3.1	其中：专业工程结算价	按合同约定计算	

续表

序号	汇总内容	计算方法	金　额（元）
3.2	其中：计日工	按计日工签证计算	
3.3	其中：总承包服务费	按合同约定计算	
3.4	索赔与现场签证	按发承包双方确认数额计算	
4	规费	按规定标准计算	
5	税金（扣除不列入计税范围的工程设备金额）	（1+2+3+4）× 规定税率	

竣工结算总价合计 =1+2+3+4+5

1.2　安装工程计量与计价

安装工程计量与计价，是动态反映建设工程经济效果的一个过程，其技术经济文件主要从两个层次反映安装工程经济效果。工程计量是工程计价活动的重要环节，是指对拟建工程项目进行工程数量的计算活动，本书计量主要指计算安装工程的工程量；工程计价是指按照法律法规和标准规定的程序、方法和依据，对工程造价及其构成内容进行预测和确定，以货币的形式反映工程价值，计算建筑安装工程的费用。

由于工程计价的多阶段性和多次性，工程计量也具有多阶段性和多次性。安装工程计量可划分为项目设计阶段、招标投标阶段、项目实施阶段和竣工验收阶段的工程计量。项目设计阶段的工程计量是根据设计项目的建设规模、拟生产产品数量、生产方法、工艺流程和设备清单等，对拟建项目安装工程量的计算。招标投标阶段的工程计量是依据安装施工图对拟建工程予以计量。项目实施阶段的工程计量指根据实际完成的安装工程数量进行计量；竣工验收阶段的工程计量是依据竣工图对安装工程进行的最终确认。

目前，我国建设工程主要采用工程量清单计量计价模式，少数特殊工程采用定额计量计价模式。安装工程计量与计价遵循的主要依据是《建设工程工程量清单计价规范》GB 50500—2013（简称《计价规范 2013》）和《通用安装工程工程量计算规范》GB 50856—2013（简称《安装工程量计算规范 2013》）。

1.2.1　安装工程量计算规范

安装工程采用清单方式计量计价时，其工程计量应依照现行的《安装工程量计算规范 2013》附录中安装工程工程量清单项目及计算规则进行计算，以工程量清单的形式表现。工程量清单是载明建设工程分部分项工程项目、措施项目、其他项目的编码、名称、项目特征、计量单位和相应数量以及规费、税金项目等内容的明细清单。

《通用安装工程工程量计算规范》GB 50856—2013 包括正文、附录和条文说明三部分。正文部分包括总则、术语、工程计量、工程量清单编制。附录中分专业列出分部分项工程清单项目、措施项目的项目编码、项目名称、项目特征、计量单位、工程量计算规则及工作内容。

（1）项目编码

安装工程项目的计量是通过对工程项目分解进行的，工程项目进行分解后，为了有效管理，需进行规范编码。编码体系作为建设安装项目的项目管理、成本分析和数据积累的基础，是很重要的业务标准。

《安装工程量计算规范2013》的项目编码主要是指分部分项工程项目清单名称的阿拉伯数字标识。分部分项工程量清单、措施项目清单的项目编码均采用12位阿拉伯数字表示，以"安装工程—安装专业工程—安装分部工程—安装分项工程—具体安装分项工程"的顺序进行五级项目编码设置。一、二、三、四级编码应按《安装工程量计算规范2013》附录的规定设置，第五级编码由清单编制人根据工程的清单项目特征分别编制。

如030101001001编码含义如图1-4所示。第一级编码表示工程类别。采用两位数字（即第一、二位数字）表示。01表示房屋建筑与装饰工程；02表示仿古建筑工程；03表示通用安装工程；04表示市政工程；05表示园林绿化工程；06表示矿山工程；07表示构筑物工程；08表示城市轨道交通工程；09表示爆破工程。

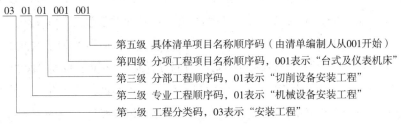

图1-4　清单编码含义图示

第二级编码表示各专业工程。采用两位数字（即第三、四位数字）表示。如安装工程的0301为"机械设备安装工程"；0308为"工业管道工程"等。

第三级编码表示各专业工程下的各分部工程。采用两位数字（即第五、六位数字）表示。如030101为"切削设备安装工程"；030803为"高压管道"分部工程。

第四级编码表示各分部工程的各分项工程，即表示清单项目。采用三位数字（即第七、八、九位数字）表示。如030101001为"台式及仪表机床"，030803001为"高压碳钢管"分项工程。

第五级编码表示清单项目名称顺序码。采用三位数字（即第十、十一、十二位数字）表示，由清单编制人员编列，可有1～999个子项。由清单编制人员编列。工程量清单是以单位（项）工程为单位编制。在编制工程量清单时，在同一份工程量清单中所列的分部分项工程清单项目的编码设置不得有重码。

项目编码应按照《安装工程量计算规范2013》要求的安装工程项目分项编码进行编制。在编制工程量清单时，当同一个标段（或合同段）的一份工程量清单中含有多个单位工程且工程量清单是以单位工程为编制对象，在编制工程量清单时应特别注意项目编码十至十二位的设置不得有重码。例如，一个标段的工程量清单中含有三个分部分项工程，每一个分部分项工程中都有"镀锌钢管安装"项目，但镀锌钢管的规格不同，分别为 $DN20$、$DN25$ 和 $DN32$。则第一个分部分项工程的"镀锌钢管 $DN20$ 安装"项目编码应为 031001001001，第二个分部分项工程的"镀锌钢管 $DN25$ 安装"项目编码应为 031001001002，第三个分部分项工程的"镀锌钢管 $DN32$ 安装"项目编码应为 031001001003，并分别列出各分部分项工程镀锌钢管的工程量。

编制工程量清单时若出现附录中未包括的项目，编制人应作补充，并报省级或行业工程造价管理机构备案，省级或行业工程造价管理机构应汇总报住房和城乡建设部标准定额研究所。补充项目的编码由安装工程的代码 03 与 B 和三位阿拉伯数字组成，并应从 03B001 起顺序编制，同一招标工程的项目不得重码。补充的工程量清单中需附有补充项目的名称、项目特征、计量单位、工程量计算规则、工程内容。

【例题】依据《通用安装工程工程量计算规范》GB 50856—2013 的规定，项目编码设置中的第三级编码的数字位数及表示含义为（　　　）。

A. 2 位数，表示各分部工程顺序码　　　B. 2 位数，表示各分项工程顺序码

C. 3 位数，表示各分部工程顺序码　　　D. 3 位数，表示各分项工程顺序码

【答案】A

【解析】本题考查的是分部分项工程工程量清单的编制。

（2）项目名称

工程量清单的项目名称应依据工程量计量规范附录中的项目名称结合拟建工程实际确定。工程量计算规范中的项目名称是对清单项目命名的基础，应在此基础上结合拟建工程的实际，对项目名称具体化，特别是概括性较大的清单项目名称，应细化后分别编码列项。如《安装工程量计算规范 2013》附录 D 中的"030401001 油浸电力变压器"项目，"030401002 干式变压器"项目。

（3）安装工程计量规定

《安装工程量计算规范 2013》适用于安装工程的工程量计量和工程量清单编制。招标工程量清单应由具有编制能力的招标人或受其委托、具有相应资质的工程造价咨询人编制。工程量清单标明的工程量是投标人投标报价的共同基础，投标人工程量必须与招标人提供的工程量一致。

1）计量单位

清单项目的计量单位应按《安装工程量计算规范 2013》附录中规定的计量单位确定。其中的计量单位均为基本单位。质量以"t"或"kg"为单位；长度以"m"为单位；面积以"m²"为单位；体积以"m³"为单位；自然计量的以"个、件、根、组、系统"为单位。

《安装工程量计算规范 2013》规定，附录中有两个或两个以上计量单位的，应结合拟建工程项目的实际情况，选择其中一个确定；在同一个建设项目（或标段、合同段）中有多个单位工程，其相同的清单项目计量单位必须保持一致。

例：030703021 静压箱制作安装项目，其工程量计量单位为"m^2"或"个"，编制工程量清单时根据实际情况选择以"m^2"计量，现有两个单位工程中均有静压箱制作安装项目，其计量单位必须保持一致，均应选择以"m^2"计量。

2）工程量

《安装工程量计算规范2013》规定了清单工程量的计算规则。其原则是按施工图图示尺寸（数量）计算工程数量。如030801002 低压碳钢伴热管的工程量计算规则为：按设计图示管道中心线长度以"m"计算。安装工程各专业工程的工程量计算规则分别在本书各章节中进行介绍。

汇总工程量时，其精确度取值：以"m""m^2""m^3""kg"为单位，应保留小数点后两位数字；以"t"为单位，应保留小数点后三位数字；以"个""件""根""组""系统"为单位，应取整数。两位或三位小数后的位数按四舍五入法取舍。

工程量计算除依据《安装工程量计算规范2013》各项规定外，编制依据还包括：

国家或省级、行业建设主管部门颁发的现行计价依据和办法；

经审定通过的施工设计图纸及其说明、施工组织设计或施工方案、其他有关技术经济文件；

与建设工程有关的标准和规范；

经审定通过的其他有关技术经济文件，包括招标文件、施工现场情况、地勘水文资料、工程特点及常规施工方案等。

3）基本安装高度

安装工程中的清单项目若安装高度超过《安装工程量计算规范2013》规定的基本高度时，应在其清单项目的"项目特征"中描述。

《安装工程量计算规范2013》中各专业工程基本安装高度分别为：附录 A 机械设备安装工程 10m，附录 D 电气设备安装工程 5m，附录 E 建筑智能化工程 5m，附录 G 通风空调工程 6m，附录 J 消防工程 5m，附录 K 给排水、采暖、燃气工程 3.6m，附录 M 刷油、防腐蚀、绝热工程 6m。

【例题】依据《通用安装工程工程量计算规范》GB 50856—2013，项目安装高度若超过基本高度时，应在"项目特征"中描述，附录 J 消防工程基本安装高度为（   ）。

A. 3.6m   B. 5m   C. 6m   D. 10m

【答案】B

【解析】本题考查的是安装工程计量依据。《安装工程量计算规范2013》安装工程各附录基本安装高度为：给排水、采暖、燃气为 3.6m，电气、消防、建筑智能化为 5m，刷油、防腐蚀、绝热、通风空调工程为 6m，机械设备安装为 10m。

1.2.2 安装工程计价

工程量清单计价是国际上较为通行的做法。在建设工程招标投标时，招标人依据工程施工图样，按照招标文件的要求，按现行的工程量计算规则为投标人提供实体工程量项目和技术措施项目的数量清单，供投标单位逐项填写单价，并计算出总价，再通过评标，最后确定合同价。工程量清单计价还有利于加强工程合同的管理，明确承发包双方的责任，实现风险的合理分担。工程量由发包方（招标方）确定，工程量的误差由发包方承担，工程报价的风险由投标方承担。工程量清单计价本质上是单价合同的计价模式，增加了报价的可靠性，有利于工程款的拨付和工程造价的最终确定。工程量清单计价还将推动计价依据的改革发展，推动企业编制自己的企业定额，提高企业的工程技术水平和经营管理能力。由于目前大多数建筑企业没有自己的企业定额，因此，企业在自主报价时往往参考计价定额，同时，再根据企业及项目的实际情况予以调整。

《计价规范 2013》包括总则、术语、一般规定、工程量清单编制、招标控制价、投标报价、合同价款约定、工程计量、合同价款调整、合同价款期中支付、竣工结算与支付、合同解除的价款结算与支付、合同价款争议的解决、工程造价鉴定、工程计价资料与档案、工程计价表格及 11 个附录。各专业工程量计量规范包括总则、术语、工程计量、工程量清单编制、附录。

计价规范适用于建设工程发承包及其实施阶段的计价活动。使用国有资金投资的建设工程发承包，必须采用工程量清单计价；非国有资金投资的建设工程，宜采用工程量清单计价；不采用工程量清单计价的建设工程，应执行清单计价规范中除工程量清单等专门性规定外的其他规定。

国有资金投资的项目包括全部使用国有资金（含国家融资资金）投资或国有资金投资为主的工程建设项目。

国有资金投资的工程项目国有资金投资的工程建设项目包括：①使用各级财政预算资金的项目；②使用纳入财政管理的各种政府性专项建设资金的项目；③使用国有企事业单位自有资金，并且国有资产投资者实际拥有控制权的项目。

国家融资资金投资的工程建设项目国家融资资金投资的工程建设项目包括：①使用国家发行债券所筹资金的项目；②使用国家对外借款或者担保所筹资金的项目；③使用国家政策性贷款的项目；④国家授权投资主体融资的项目；⑤国家特许的融资项目。

国有资金（含国家融资资金）为主的工程建设项目是指国有资金占投资总额 50%以上，或虽不足 50% 但国有投资者实质上拥有控股权的工程建设项目。

北京市住房和城乡建设委员会在 2013 年发布了《关于执行 2012 年〈北京市建设工程计价依据——预算定额〉的规定的通知》（京建法 [2013]7 号），该通知规定《北京市建设工程计价依据——预算定额》2012 自 2013 年 7 月 1 日起执行。

预算定额共分七部分二十四册，包括：房屋建筑与装饰工程预算定额（分为上、中、下三册）、仿古建筑工程预算定额、通用安装工程预算定额（共十二册）、市政工程预算定额（共两册）、园林绿化工程预算定额（共两册）、构筑物工程预算定额、城市轨道交通预算定额（共五册），以及与之配套的《北京市建设工程和房屋修缮材料预算价格》

《北京市建设工程和房屋修缮机械台班费用定额》。

《北京市建设工程计价依据——预算定额》2012作为北京市行政区域内编制施工图预算、进行工程招标、国有投资工程编制标底或最高投标限价（招标控制价）、签订建设工程承包合同、拨付工程款和办理竣工结算的依据，是统一北京市建设工程预（结）算工程量计算规则、项目名称及计量单位的依据，是完成规定计量单位分项工程计价所需的人工、材料施工机械台班消耗量的标准，是编制概算定额和估算指标的基础，是经济纠纷调解的参考依据，是工程量清单计价的依据。

1.2.3 《2012北京市安装工程预算定额》简介

1.《2012北京市安装工程预算定额》的构成

《2012年北京市建设工程计价依据——预算定额〈通用安装工程〉》（以下简称《2012北京市安装工程预算定额》）共分十二册，包括：第一册《机械设备安装工程》,第二册《热力设备安装工程》，第三册《静置设备与工艺金属结构制作安装工程》，第四册《电气设备安装工程》，第五册《建筑智能化工程》，第六册《自动化控制仪表安装工程》，第七册《通风空调工程》，第八册《工业营道工程》，第九册《消防工程》，第十册《给排水、采暖、燃气工程》，第十一册《通信设备及线路工程》，第十二册《刷油、防腐蚀、绝热工程》。

《2012北京市安装工程预算定额》各册的划分与《安装工程量计算规范2013》基本保持致，是定额与工程量计算规范的有机结合。具体表现在定额的章节及项目划分、工程量计算规则与《安装工程量计算规范2013》尽量保持一致，对特殊项目和新增项目的计算规则做了补充规定；计量单位与《安装工程量计算规范2013》相统一。《2012北京市安装工程预算定额》中的编号03表示为通用安装工程，每节标题后有9位编码，其编码与《安装工程量计算规范2013》的编码一致，便于使用。

2.《2012北京市安装工程预算定额》的主要内容

《2012北京市安装工程预算定额》的主要内容包括文字说明、工程量计算规则、定额项目表及附录。

（1）文字说明

文字说明包括总说明和各册、章说明。总说明主要介绍了定额体系、编制依据、适用范围、作用、定额消耗量的确定原则及内容，定额综合单价的确定原则及内容，建筑安装工程费用组成及有关规定等；各册说明主要介绍了本册适用范围、定额应用中共性问题的执行原则、与其他专业定额配套使用的有关规定等；各章说明主要介绍了章节编制的主要内容、适用范围以及定额应用中需要注意的问题及相关规定等。

（2）工程量计算规则

《2012北京市安装工程预算定额》中的工程量计算规则综合考虑了施工办法、施工工艺和施工质量要求，计算出的工程量一般要考虑施工中的余量，与定额项目的消耗量指标相互配套使用，如在《2012北京市安装工程预算定额》中"电缆敷设"项目的工程量计算规则为"按设计图示长度（含预留）尺寸，另加弯曲和张弛度，以米计算"。

（3）定额项目表

1）定额项目表是定额构成的核心内容，包括工作内容、定额编号、子目名称、计量单位、人材机消耗量及预算单价。

2）工作内容是按施工工序列出该定额子目所包括的全部施工内容；人材机消耗量为完成该定额子目工作内容所消耗的人工、材料、机械的相应工程量；预算单价由人工费、材料费和机械费组成，均按定额编制期的市场预算价格计入。

（4）附录

《2012北京市安装工程预算定额》各册的最后均附有相应的附录内容，附录一主要包括定额中综合考虑的含量参考表和主要材料损耗率表等，附录二为通用安装工程费用标准。

3.《2012北京市安装工程预算定额》的措施项目

《2012北京市安装工程预算定额》中各专业分册的最后一章均为措施项目费用。安装工程措施项目费用内容及计算包括：

（1）《2012北京市安装工程预算定额》中常用的施工技术措施项目主要有脚手架使用费、超高降效增加费、高层建筑施工增加费、安全与生产同时进行增加费、在有害身体健康的环境中施工增加费及安全文明施工费等内容。

（2）《2012北京市安装工程预算定额》中常用的施工技术措施项目费的计算以该定额专业册中所有章节（除措施项目费）的人工费为基数计算。安全文明施工费不得低于建设行政部门颁布的费率标准，应单独列出。不得作为竞争性费用。《2012北京市安装工程预算定额》各专业册中措施项目各项参考费率根据《关于印发〈关于建筑业营业税改征增值税调整北京市建设工程计价依据的实施意见〉的通知》（京建发[2016]116号）文件进行了调整，计算措施项目费时按相关文件执行。

4.《2012北京市安装工程预算定额》的费用标准

《2012北京市安装工程预算定额》附录二中的通用安装工程费用标准内容如下。

（1）适用范围

1）住宅、公共建筑：适用于动力、照明、防雷、消防、智能化设备安装等电气工程以及采暖、给水、排水、燃气等工程。

住宅建筑：适用于各类住宅、宿舍、公寓和别墅。

公共建筑：不属于住宅建筑的其他各类用途的公共建筑。

2）其他：适用于变配电工程、通风空调工程、电梯安装工程、锅炉、热力站、独立的机房（站）及附属设施安装工程以及室外电缆工程、架空配电线路、路灯、室外管道工程等。

（2）有关规定

1）单层建筑的安装工程企业管理费按照公共建筑相应檐高的取费标准执行。

2）电气安装工程中，带有变电设施的变电和配电工程应以低压柜出口为界，分别执行安装工程中的住宅、公共建筑和其他的相应取费标准。

3）借用其他专业工程定额子目的仍执行本专业的取费标准。

（3）计算规则

1）基价：由人工费、材料费、机械费组成。

2）专业工程造价：由基价、基价价差、企业管理费、利润、规费、税金组成。

3）企业管理费：以人工费的相应部分为基数计算。

4）利润：以人工费和企业管理费之和为基数计算。

5）规费：以人工费为基数计算。

6）税金：以基价、企业管理费、规费、利润之和为基数计算。

7）总承包服务费：按分包专业工程造价（不含设备费）为基数计算。

（4）安装工程各项费率表（表1-5~表1-10）

企业管理费构成比例表　　　　　　　　　　　　　表1-5

序号	内容	比例（%）	序号	内容	比例（%）
1	管理及服务人员工资	46.29	9	工会经费	0.82
2	办公费	7.69	10	职工教育经费	3.05
3	差旅交通费	4.50	11	财产保险费	0.28
4	固定资产使用费	5.05	12	财务费用	9.10
5	工具用具使用费	0.26	13	税金	1.44
6	劳动保险和职工福利费	2.72	14	其他	18.03
7	劳动保护费	0.71			
8	工程质量检查费	0.06		合计	100.00

企业管理费费率表　　　　　　　　　　　　　　　表1-6

序号	项目			计费基数	企业管理费率（%）	其中	
						现场管理费率（%）	检测费率（%）
1	住宅建筑	檐高	25m以下	人工费	62.45	26.33	0.83
2			45m以下		68.48	29.34	1.09
3			80m以下		70.05	31.19	1.34
4			80m以上		71.23	32.49	1.58
5	公共建筑		25m以下		68.18	28.82	1.02
6			45m以下		74.51	32.34	1.29
7			80m以下		75.23	33.47	1.54
8			120m以下		76.42	34.76	1.78
9			200m以下		77.64	36.12	2.01
10			200m以上		78.81	37.48	2.23
11	其他				70.62	29.58	0.79

利润费率表　　　　　　　　　　　　　　　　　　　表 1-7

序号	项目	计费基数	费率（%）
1	利润	人工费 + 企业管理费	19.00

规费费率表　　　　　　　　　　　　　　　　　　　表 1-8

序号	项目	计费基数	规费费率（%）	其中	
				社会保险费率（%）	住房公积金费率（%）
1	规费	人工费	20.99	15.30	5.69

税金费率表　　　　　　　　　　　　　　　　　　　表 1-9

序号	项目	计费基数	费率（%）
1	市区区域		3.48
2	县城、镇	基价 + 企业管理费 + 利润	3.41
3	其他区域		3.28

总承包服务费费率　　　　　　　　　　　　　　　　　表 1-10

表 1-10	内容	计费基数	费率（%）
1	配合、协调	专业工程造价	1.5~2
2	配合、协调、服务	（不含设备费）	3~5

5.《2012 北京市安装工程预算定额》的应用

（1）人工费单价的确定

定额人工费单价是指一个建筑安装工人在一个工作日内，在预算中应计入的全部人工费。计算公式为：

定额人工费单价 = 基本工资 + 辅助工资 + 工资性质津贴 + 劳动保护费　（1-22）

（2）材料（设备）预算单价的确定

定额材料（设备）费是指施工过程中耗费的原材料、辅助材料、构配件、零件、半成品和工程设备的费用。工程设备是指构成或计划构成永久工程一部分的机电设备、金属结构设备、仪器装置及其他类似的设备和装置。定额材料（设备）预算单价包括材料（设备）原价、运杂费、运输损耗费、采购及保管费。

1）定额材料单价是指材料预算价格。材料预算价格包括材料市场价格和材料采购及保管费。

2）材料（设备）市场价格包括含材料（设备）原价及运到指定地点的运杂费、运输损耗费。

3）材料采购及保管费按材料市场价格的 2% 计算。

4）其他材料费包括零星材料和辅助材料的费用。

（3）施工机械台班单价的确定

1）机械台班单价的计算公式同式（1-9）。

2）其他机具费包括小型机械使用费和生产工具使用费。

3）仪器仪表使用费是指工程所需安装、测试的仪器仪表摊销及维修费用。

（4）安装工程预算单价的确定

当单位工程预算单价中使用的人工工日单价、材料预算价格、机械台班单价与市场价格有差异时，可参照当期的《北京建设工程造价信息》或市场价格进行动态调整。

1）安装工程预算单价的组成

预算单价是预算定额子目中人工、材料及施工机械消耗量在定额编制地区的货币形态表现，其表达式为：

$$定额项目预算单价 = 人工费 + 材料费 + 机械台班费 \qquad (1-23)$$

式中　人工费 = $\sum$（定额人工消耗量 × 人工单价）；

材料费 = $\sum$（定额材料消耗量 × 材料预算单价）；

机械费 = $\sum$（定额机械台班消耗量 × 施工机械台班单价）。

说明：上式材料费中的定额材料消耗量包括主要材料和辅助材料消耗量。当主要材料未计入材料单价时，主要材料（未计价材料）费应另行计算。

2）设备安装工程预算定额未计价设备与材料

在计算安装工程中设备与材料安装所需费用时，设备安装只能计算安装费和安装时所需零星材料费，而材料经过现场加工制作并安装成产品时，不但要计算安装费，还要计算其消耗的材料价值。

未计价材料量与价的确定。未计价材料数量的计算公式为：

$$某项未计价材料数量 = 工程量 × 某项未计价材料定额消耗量 \qquad (1-24)$$

$$某项未计价材料费（主材费）= 某项未计价材料数量 × 市场价格 \qquad (1-25)$$

在定额编制中，将消耗的辅助材料或次要材料价值计入定额预算单价中，称为计价材料。而构成工程实体的设备或主要材料，因全国各地价格差异较大，如果主材也进入统一单价，势必增加材料价差调整难度，所以，在价目表中只规定了它的名称、规格、品种和消耗数量，预算单价中未计算它的价值，定额中用（　　）表示，其价值由定额执行地区按照当地材料市场价格进行计算，然后计入工程造价，故称为未计价材料。

未计价设备量与价的确定：

$$某项未计价设备数量 = 工程量 \qquad (1-26)$$

$$某项未计价设备费 = 工程量 \times 市场单价 \qquad (1-27)$$

另外，工程某些项目可以用不同品种、不同规格和型号的材料制作安装后达到设计目的和要求，这时定额不可能列全，所以也需要将其作为未计价材料。

1.3 安装工程量清单编制

1.3.1 工程量清单编制依据

工程量清单由分部分项工程量清单、措施项目清单、其他项目清单、规费项目清单、税金项目清单组成，编制工程量清单的依据包括：

（1）《计价规范 2013》和相关工程的国家计量规范。

（2）国家或省级、行业建设主管部门颁发的计价定额和办法。

（3）建设工程设计文件及相关资料。

（4）与建设工程有关的标准、规范、技术资料。

（5）拟定的招标文件。

（6）施工现场情况、工程水文资料、工程特点及常规施工方案。

（7）其他相关资料。

1.3.2 安装工程工程量清单计价编制

工程量清单计价包括最高投标限价、投标报价和工程竣工结算价的编制。

在建设工程施工招标投标中，招标人依据施工图、施工规范和工程量清单计价及计算规范中清单项目设置、工程量计算规则等有关规定，计算出工程数量，形成工程量清单，同时编制工程最高投标限价。

投标人依据工程量清单和最高投标限价，结合定额及企业实际情况进行自主报价，编制工程投标报价。

工程竣工结算是指工程项目完工并经竣工验收合格后，发、承包双方按照施工合同的约定对所完成的工程项目进行的合同价款的计算、调整和确认。

1. 最高投标限价编制

建设工程的最高投标限价反映的是单位工程费用，由分部分项工程费、措施项目费、其他项目费、规费和税金五部分组成。

招标人根据国家或者省级、行业建设主管部门颁发的有关计价依据和办法，以及拟定的招标文件和招标工程量清单，结合工程具体情况编制招标工程最高投标限价，也称招标控制价。

最高投标限价的相关规定：

（1）国有资金投资的工程建设项目应实行工程量清单招标，招标人应编制招标控制价。

（2）招标控制价超过批准的概算时，招标人应将其报原概算审批部门审核。

（3）投标人的投标报价高于招标控制价的，其投标应予以拒绝。

（4）招标控制价应由具有编制能力的招标人或受其委托具有相应资质的工程造价咨询人编制和复核。

（5）招标控制价应在招标时公布，不应上调或下浮，招标人应将招标控制价及有关资料报送工程所在地工程造价管理机构备查。

投标报价的编制依据：

（1）《计价规范2013》与专业工程计量规范。

（2）国家或省级、行业建设主管部门颁发的计价办法。

（3）建设工程设计文件及相关资料。

（4）招标文件中的工程量清单及有关要求。

（5）与建设项目相关的标准、规范等技术资料。

（6）工程造价管理机构发布的工程造价信息，或者参考市场价格信息。

（7）施工现场情况、工程特点及常规施工方案。

（8）其他的相关资料。

招标控制价与标底的区别：招标控制价是公开的，并且在招标书必须标明的，是本次招标的最高限价，投标报价高于招标控制价，即为废标；标底是业主在招标时，根据工程实际情况及市场物价情况自己设定的理想价格，只有在开标时才能当场公布，是确定投标人报价的基础。

从招标控制价与标底的区别可以看出，采用招标控制价招标提高了透明度，避免了暗箱操作、寻租等违法活动的产生，可使各投标人自主报价、公平竞争，符合市场规律。投标人自主报价，不受标底的左右，既设置了控制上限又尽量减少了业主依赖评标基准价的影响。

但是采用招标控制价招标，也可能出现如下问题：若最高限价大大高于市场平均价，就预示着中标后利润丰厚，只要投标不超过公布的限额都是有效投标，从而可能诱导投标串标围标；若公布的最高限价远远低于市场平均价，就会影响招标的效率和效果，以至于使得招标人不得不修改招标控制价进行二次招标。

2. 安装工程投标报价编制

投标报价是投标人希望达成工程承包交易的期望价格，它不能高于招标人设定的招标控制价。投标人按照招标文件的要求，根据工程特点，并结合自身的施工技术、装备和管理水平，依据有关计价规定自主确定工程投标报价。作为投标报价计算的必要条件，应预先确定施工组织设计、施工方案和施工进度，此外，投标报价计算还必须与采用的合同形式相协调。

投标报价的编制原则：

（1）投标人自主确定，但必须执行《计价规范 2013》等相关的强制性规定。

（2）投标报价不得低于成本；明显低于成本的，应当要求该投标人做出书面说明并提供证明材料。不能提供的，为废标。

（3）投标报价以招标文件中设定的发承包双方责任划分，作为考虑投标报价费用项目和费用计算的基础。

（4）以施工方案、技术措施作为投标报价计算的基本条件，以反映企业技术和管理水平的企业定额作为计算人、材、机消耗量的基本依据；充分利用现场考察、调研成果、市场价格信息和行情资料。

（5）报价计算方法要科学严谨，简明适用。

投标报价的编制依据：

（1）《计价规范 2013》与专业工程计量规范。

（2）国家或省级、行业建设主管部门颁发的计价办法。

（3）企业定额，国家或省级、行业建设主管部门颁发的计价定额和计价办法。

（4）招标文件、工程量清单及其补充通知、答疑纪要。

（5）建设工程设计文件及相关资料。

（6）施工现场情况、工程特点及拟定的投标施工组织设计或施工方案。

（7）与建设项目相关的标准、规范等技术资料。

（8）市场价格信息或工程造价管理机构发布的工程造价信息。

（9）其他的相关资料。

投标报价的编制也应按分部分项工程费、措施项目费、其他项目费、规费和税金五部分相应合计金额，但计算方法与最高投标限价有不同之处。

3. 工程竣工结算价的编制

工程竣工结算是指工程项目完工并经竣工验收合格后，发承包双方按照施工合同的约定对所完成的工程项目进行的合同价款的计算、调整和确认。根据合同约定、工程进度、工程变更与索赔等情况，通过编制工程结算书对已完成施工价格进行计算，计算出来的价格称为工程结算价。工程结算价是该结算工程部分的实际价格，是支付工程款项的凭据。分为单位工程竣工结算、单项工程竣工结算和建设项目竣工总结算，单位工程竣工结算和单项工程竣工结算也可看作是分阶段结算。

工程竣工结算由承包人或受其委托具有相应资质的工程造价咨询人编制，由发包人或受其委托具有相应资质的工程造价咨询人核对。工程竣工结算编制的主要依据有：

（1）国家现行计价及计量规范。

（2）工程合同。

（3）发、承包双方实施过程中已确认的工程量及其结算的合同价款。

（4）发、承包双方实施过程中已确认调整后追加（减）的合同价款。

（5）建设工程设计文件及相关资料。

（6）投标文件。

（7）其他依据。

由于投标人投标报价计价程序、工程竣工结算与招标人最高投标限价计价程序具有相同的表格，为便于对比分析，现将三种计价表格合并列出进行对比分析，见表 1-11。

建筑安装工程各阶段计价文件组成和编制依据对比表　　　　　　　　　表 1-11

序号	项目内容		最高投标限价	投标报价	竣工结算价
1	分部分项工程费	工程量	招标工程量清单	招标工程量清单	合同、施工图、设计变更，洽商、索赔等
		人、材、机	信息价/市场价	根据投标人投标项目测算的成本自主确定	执行合同约定
		企业管理费	法规及定额确定		
		利润			
		风险			
2	措施项目费	安全文明施工	按照国家、行业和地方政府的法律、法规及相关规定		
		其他组织措施	拟建项目的常规方案	拟用施工组织设计	执行合同约定
3	其他项目费	暂列金额	按工程特点，参照《计价规范 2013》估算	按招标文件计判	按合同约定及施工实际发生进行调整
		暂估价	拟建项目需要确定	按招标文件计判	
		计日工	拟建项目需要确定	自主确定单价	
		总包服务费	按拟建项目分包工程内容，参照《计价规范 2013》估算	自主确定费率	按合同约定调整总包服务费计算基数
4	规费		按照国家、行业和地方政府的法律、法规及相应规定		
5	税金		按照国家、行业和地方政府的法律、法规及相应规定		

本章小结

（1）本章主要介绍了建设项目的概念、构成；工程造价、建设项目总投资的概念。

（2）建筑安装工程费用项目按费用构成要素组成划分为人工费、材料费、施工机具使用费、企业管理费、利润、规费和税金。按照工程造价形成，分为分部分项工程费、措施项目费、其他项目费、规费、税金组成。

（3）介绍了建筑安装工程造价计价程序，简单介绍了《建设工程工程量清单计价规范》GB 50500—2013、《通用安装工程工程量计算规范》GB 50856—2013 以及《2012年北京市建设工程计价依据——预算定额〈通用安装工程〉》。

思考题

1.建设项目的含义是什么？一个建设项目可以划分为哪几个部分？

2.从业主和承包商的角度看工程造价有什么不同？

3. 建设项目总投资包含哪些内容?

4. 安装工程造价包含哪些内容 ?

5. 招标控制价的措施项目费如何计算?

6. 工程造价按照费用构成要素划分和按照工程造价形成划分各包含哪些内容?

7. 总价措施项目和单价措施项目分别包含哪些内容，其计算基数是什么?

8. 工程量清单项目编码代表的含义是什么?

9. 工程量清单及招标控制价编制依据有何差异?

2

电气工程

学习要点:

（1）建筑电气工程的设备和材料及其施工方法，包括电气设备、材料的介绍，电气设备安装工程的基础知识；

（2）电气安装工程主要图例及识图方法；

（3）电气设备安装工程计量与计价的定额说明及计算规则。

2.1 电气工程概述

电气工程是建筑工程重要组成部分。一般以电压高低为依据，将建筑电气分为强电和弱电。强电一般是电压在 110V 以上，弱电电压在 36V 以下，但这种划分方式不完全合理。强、弱电的根本区别，在于电是被用来作为"能量"还是被用来作为"信号"。不管电压等级如何，只要是传输能量的电就属于强电，传输信号的电，就属于弱电。强电的特点是电压高、电流大、功率大、频率低，主要考虑的问题是减少损耗、提高效率；而弱电的特点是电压低、电流小、功率小、频率高，主要考虑的问题是信息传输的保真度和速率。

在建设项目中，电力系统包括发电厂、输电线路、变电所、配电线路及用电设备，如图 2-1 所示。输送用户的电能经过了以下几个环节：发电→升压→高压送电→降压→10kV 高压配电→降压→0.38kV 低压配电→用户。

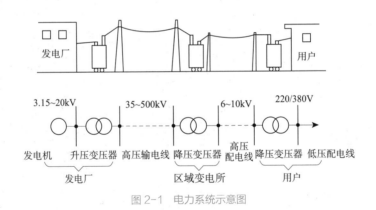

图 2-1 电力系统示意图

通常将 35kV 及其以上的电压线路称为输（送）电线路，10kV 及其以下的电压线路称为配电线路。将额定 1kV 以上电压称为"高电压"，1kV 以下电压称为"低电压"。220V、380V、6kV、10kV、35kV、110kV、220kV、330kV、500kV 是目前我国常用的电压等级。380V 电压用于民用建筑内部动力设备供电或工业生产设备供电，220V 电压多用于向生活设备、小型生产设备及照明设备供电。

建筑电气设备安装工程是指新建、扩建工程中 10kV 以下变配电设备及线路安装、车间动力电气设备及电气照明器具、防雷及接地装置安装、配管配线、电气调整试验等建筑强电工程。

建筑电气工程中动力系统图与照明系统图最常见，两者分别具有如下形式。

（1）动力系统图

低压配电系统的接线方式有三种形式：放射式、树干式、链式。

图 2-2 为放射式动力配电系统图，主配电箱安装在容量较大的设备附近，分配电

箱和控制开关与所控制的设备安装在一起。这样不仅能保证配电的可靠性，而且还能减少线路损耗和节省投资。

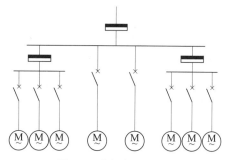

图2-2　放射式动力系统图

图2-3为树干式动力配电系统图，在高层建筑的配电系统设计中，垂直母线槽和插接式配电箱常组成树干式配电系统，可以节省导线并提高供电的可靠性。

图2-4为链式动力配电系统图，由一条线路配电，先接至一台设备，然后再由这台设备接至邻近的动力设备，通常一条线路可以接多台设备。链式动力配电系统的特性与树干式配电方案的特性相似，可以节省导线，但供电可靠性较差，一条线路出现故障，可影响多台设备的正常运行。

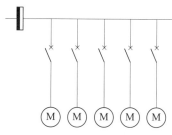

图2-3　树干式动力系统图

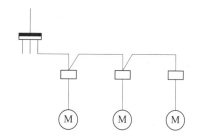

图2-4　链式动力系统图

（2）照明系统图

照明配电系统有380/220V三相五线制和220V单相两线制。在照明分支线中，一般采用单相供电，在照明总干线中，要采用三相五线制供电。根据照明系统接线方式的不同可以分为以下几种形式。

1）单电源照明配电系统。照明线路与动力线路在母线上分开供电，事故照明线路与正常照明分开。

2）有备用电源的照明配电系统。照明线路与动力线路在母线上分开供电，事故照明线路由备用电源供电。

3）多层建筑照明配电系统。多层建筑低压配电系统一般采用树干式供电，总配电箱设在底层。

2.2　电气设备、材料介绍及施工

2.2.1　配电装置

1.配电装置介绍

配电装置包括互感器、变压器、高压熔断器、避雷器、高压成套配电柜、组合式成套箱式变电站、成套箱式开闭器等。

（1）互感器的功能主要是将高电压或大电流按比例变换成标准低电压（100V）或标准小电流（5A或1A，均指额定值），目的是隔开高电压系统，保证人身和设备的安全。

（2）变压器：主要功能有电压变换、电流变换、阻抗变换、隔离、稳压（磁饱和变压器）等变压器。按用途可以分为：配电变压器、全密封变压器、组合式变压器、干式变压器、油浸式变压器等。

（3）高压熔断器是最简单的保护电器，用来保护电气设备免受过载和短路电流的损害。

（4）避雷器：用于保护电气设备免受雷击时高瞬态过电压危害，并限制续流时间。

（5）高压配电柜是指用于电力系统发电、输电、配电、电能转换和消耗中起通断、控制或保护等作用，常用有固定式、手车式及环网柜三种类型。

【例题】具有断路保护功能，能起到灭弧作用，还能避免相间短路，常用于容量较大的负载上作短路保护。这种低压电气设备是（   ）。

A. 螺旋式熔断器   B. 瓷插式熔断器

C. 封闭式熔断器   D. 铁壳刀开关

【答案】C

【解析】封闭式熔断器。采用耐高温的密封保护管，内装熔丝或熔片。当熔丝熔化时，管内气压很高，能起到灭弧的作用，还能避免相间短路。这种熔断器常用在容量较大的负载上作短路保护，大容量的能达到1kA。

2. 主要配电装置的施工方法

（1）变压器的安装

1）室外安装。变压器一般都装在室外。装有继电器的变压器安装应使其顶盖沿着气体断路器气流方向1%~1.5%的升高坡度（制造厂规定不需安装坡度除外）就位。设备就位后，应用能拆卸的制动装置加以固定。

2）柱上安装。变压器台可根据容量大小选用杆型，有单杆台、双杆台和三杆台等。变压器安装高度为离地面2.5m以上，台架采用槽钢制作，变压器外壳、中性点和避雷器三者合用一组接地引下线接地装置。接地极根数和土壤的电阻率有关，每组一般2~3根。要求变压器台及所有金属构件均做防腐处理。

3）室内安装。安装在混凝土的变压器基础上时，基础上的构件和预埋件由土建施工用扁钢与钢筋焊接，这种安装方式适合于小容量变压器的安装。变压器安装在双层空心楼板上，这种结构使变压器室内空气流通，有助于变压器散热。变压器安装时要求变压器中性点、外壳及金属支架必须可靠接地。

（2）避雷器安装

1）避雷器各连接处的金属接触表面应洁净、没有氧化膜和油漆、导通良好。

2）并列安装的避雷器三相中心应在同一直线上，相间中心距离允许偏差为10mm。

3）阀型避雷器应垂直安装。有支架上安装、墙上安装和混凝土基础上安装以及电杆横担上安装等。

4）磁吹阀型避雷器组装时，其上下节位置应符合产品出厂的编号，切不可互换。

2.2.2　控制设备及低压电器

1. 控制设备及低压电器介绍

控制设备及低压电器包括配电箱、电磁制动器、分流器、端子箱、电阻器、接触器、磁力启动器、开关、控制器、接线箱、接线盒、漏电保护器、灯具等。

（1）配电箱是按电气接线要求将开关设备、测量仪表、保护电器和辅助设备组装在封闭或半封闭金属柜中或屏幅上，构成低压配电装置。

（2）电磁制动器利用电磁效应实现制动的制动器。具有响应灵敏、易于实现远距离控制等优点。

（3）分流器常与测量仪器仪表的电流电路并联，以扩大其测量范围；或在其上测量电压，从而间接测量电流。

（4）端子箱：作为线路过渡连接、线路跳接、跨接用的箱体，内部安装有接线端子。

（5）电阻器：一般是阻值固定的两个引脚，它可限制通过它所连支路的电流大小。

（6）接触器是交流接触器广泛用作电力的开断和控制电路，起到频繁开关作用。

（7）磁力启动器的两只接触器的主触头串联起来接入主电路，吸引线圈并联起来接入控制电路。

（8）开关具有开闭电路的作用，主要包含转换开关、自动开关、行程开关、接近开关等。

（9）控制器：主要用于电气传动装置中，达到发布命令或其他控制线路联锁、转换的目的，适用于频繁对电路进行接通和切断。

（10）接线箱：用于明装配电箱暗配管时配电箱后面进出线，及管路敷设超过一定长度时使用。

（11）接线盒：主要适用于各种开关、插座、弱电出线口及各种灯具、消防探测器、广播出线口安装。

（12）漏电保护器可以防止由漏电而引起的电气火灾和电器设备损坏等事故。

（13）灯具主要包括壁灯、吸顶灯、嵌入式灯具、轨道灯、普通吊灯等。

2. 主要控制设备及低压电器的施工方法

（1）配电箱安装

1）配电箱应安装牢固，配电箱底边距地面高度不宜小于1.8m。

2）配电箱内的交流、直流或不同等级的电源，应有明显的标志，且应有编号。配电箱内应标明用电回路名称。

3）配电箱内应分别设置零线和保护接地（PE线）汇流排，零线和保护线应在汇流排上连接，不得铰接。

4）配电箱内装设的螺旋熔断器，其电源线应接在中间触点端子上，负荷线应接在螺纹端子上。

5）配电箱内每一单相分支同路的电流不宜超过 16A，灯具数量不宜超过 25 个。大型建筑组合灯具每一单相同路电流不宜超过 25A，光源数量不宜超过 60 个。

（2）灯具的安装

1）灯具安装应牢固，采用预埋吊钩、膨胀螺栓等安装固定。

2）灯具的接线应牢固，电气接触应良好。螺口灯头的接线，相线应接在中心触点端子上，零线应接在螺纹的端子上。需要接地或接零的灯具，应有明显标志的专用接地螺栓。

3）I 类灯具的金属外壳需要接地或接零，应采用单独的接地线（黄绿双色）接到保护接地（接零）线上。

4）当吊灯灯具重量超过 3kg 时，应采取预埋吊钩或螺栓固定。

5）安装在重要场所的大型灯具的玻璃罩，应按设计要求采取防止碎裂后向下溅落的措施。

2.2.3　防雷及接地装置

1.防雷及接地装置介绍

防雷及接地装置包括接地极、接地母线、避雷引下线、等电位连接环、避雷网、避雷针等。

（1）接闪器就是专门用来接收直接雷击（雷闪）的金属物体。通常称为避雷针、避雷网。

（2）引下线指连接接闪器与接地装置的金属导体，应满足机械强度、耐腐蚀和热稳定的要求。

（3）接地母线的一端要直接与接地干线连接，另一端与本楼层配线架、配线柜、钢管或金属线槽等设施所连接的接地线连接。

（4）接地极是与土壤直接接触的金属导体或导体群，分为人工接地极与自然接地极。接地极作为与大地土壤密切接触并提供与大地之间电气连接的导体，安全散流雷能量使其泄入大地。

（5）等电位连接环是高层建筑为防侧击雷而设计的环绕建筑物周边的水平避雷带。主要作用是均压，可将高压均匀分布在物体周围，保证在环形各部位之间没有电位差，从而达到均压的效果。

（6）等电位端子箱是将建筑物内的保护干线，水煤气金属管道，采暖和冷冻、冷却系统，建筑物金属构件等部位进行联结，以满足规范要求的接触电压小于 50V 的防电击保护电器，被广泛应用高层建筑。

（7）浪涌保护器能在极短的时间内将外界的干扰所产生的尖峰电流或电压导流，避免浪涌对回路中其他设备的损害。

（8）等电位连接是把建筑物内、附近的所有金属物，统一用电气连接的方法连接起来（焊接或者可靠的导电连接）使整座建筑物成为一个良好的等电位体。

2. 接地保护装置系统

接地保护装置是把雷电流及设备漏电流迅速导入大地，以保护人身和设备安装的装置。系统由断接卡子、接地母线、接地体（自然、人工）等组成。

（1）常用接地系统

接地保护系统有 TN 系统、TT 系统和 IT 系统。普通建筑可用 TN-C 系统。智能建筑用 TN-C-S 系统和 TN-S 系统，其建筑防雷接地系统与电子设备接地系统要求分开设置；若系统共用时，应严格按照规范采取等电位措施，系统接地电阻必须小于 1Ω，在 0.3Ω 以下更好。

1）TN 系统

TN 系统电力系统中性点直接接地，受电设备的外露可导电部分通过保护线与接地点连接。按照中性线与保护线组合情况，又可分为三种形式。

① TN-S 系统。又称五线制系统，整个系统的中性线（N）与保护线（PE）是分开的，如图 2-5 所示。因为 TN-S 系统可安装漏电保护开关，有良好的漏电保护性能，所以在高层建筑或公共建筑中得到广泛应用。

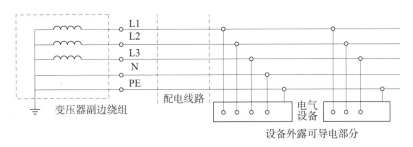

图 2-5　TN-S 系统

② TN-C 系统。又称四线制系统，整个系统的中性线（N）与保护线（PE）是合一的，如图 2-6 所示。TN-C 系统主要应用在三相动力设备比较多的系统，例如工厂、车间等，因为少配一根线，比较经济。

③ TN-C-S 系统。又称四线半系统，系统中前一部分线路的中性线（N）与保护线（PE）是合一的，如图 2-7 所示。TN-C-S 系统主要应用在配电线路为架空配线，用电负荷较分散，距离又较远的系统。但要求线路在进入建筑物时，将中性线进行重复接地，同时再分出一根保护线，因为外线少配一根线，比较经济。

2）TT 系统

电力系统中性点直接接地，受电设备的外露可导电部分通过保护线接至与电力系

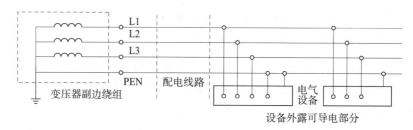

图 2-6　TN-C 系统

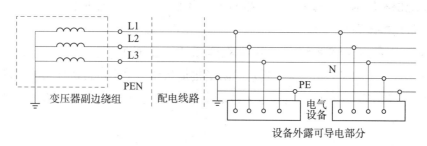

图 2-7　TN-C-S 系统

统接地点无直接关联的接地极，如图 2-8 所示。在 TT 系统中，保护线可以各自设置，由于各自设置的保护线互不相关，因此电磁环境适应性较好，但保护人身安全性较差，目前仅在小负荷系统中应用。

3）IT 系统

电力系统的带电部分与大地间无直接连接（或有一点经足够大的阻抗接地），受电设备的外露可导电部分通过保护线接至接地极，如图 2-9 所示。在 IT 系统中的电磁环境适应性比较好，当任何一相故障接地时，大地即作为相线工作，可以减少停电的机会，

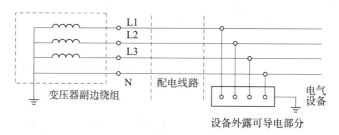

图 2-8　TT 系统

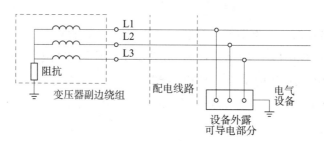

图 2-9　IT 系统

多用于煤矿及工厂等希望尽量少停电的系统。

以上几种低压配电系统的接地形式各有优缺点，目前 TN-S 系统应用比较多。

（2）接地方式

1）电力系统中性点接地：也称"交流工作接地"。为了电力系统正常运行，变压器中性点或中性线 N，必须用铜芯绝缘线可靠接地。该接地线绝不能与直流接地、屏蔽接地、防静电接地及 PE 线混接。

2）建筑防雷接地：也称"过电压保护接地"，当产生雷击时，它能排泄强大的雷电流，保护建筑物。

3）安全保护接地：即等电位接地，将建筑物内电气设备金属外壳及金属构件与 PE 线连接，为了人身和设备安全，严禁将 PE 线与 N 线混接。

4）直流接地（如计算机房）：用不小于 35mm² 多芯铜电缆作引下线，一端接基准电位，另一端作电子设备直流接地，该引线不与 PE 线及 N 线混接。

5）屏蔽接地与静电接地：防止电磁干扰或静电干扰，设备外壳、屏蔽管路两端与 PE 线可靠接地，用于仪器仪表等系统。

3. 主要防雷及接地装置的安装

（1）避雷针的安装

1）在烟囱上安装。根据烟囱的不同高度，一般安装 1~3 根避雷针，要求在引下线离地面 1.8m 处加断接卡，并用角钢加以保护，避雷针应热镀锌。

2）在建筑物上安装。避雷针在屋顶上及侧墙上安装应参照有关标准进行施工。避雷针安装应包括底板、肋板、螺栓等。避雷针由安装施工单位根据图纸自行制作。

3）在金属容器上安装。避雷针在金属容器顶上安装应按有关标准要求进行。

4）避雷针（带）与引下线之间的连接应采用焊接或热剂焊（放热焊接）。

5）避雷针（带）的引下线及接地装置使用的紧固件均应使用镀锌制品。当采用没有镀锌的地脚螺栓时应采取防腐措施。

6）装有避雷针的金属筒体，当其厚度不小于 4mm 时，可作避雷针的引下线。筒体底部应至少有 2 处与接地体对称连接。

7）建筑物上的避雷针或防雷金属网应和建筑物顶部的其他金属物体连接成一个整体。

8）避雷针（网、带）及其接地装置应采取自下而上的施工程序。首先安装集中接地装置，后安装引下线，最后安装接闪器。

（2）引下线的安装

引下线可采用扁钢和圆钢敷设，也可利用建筑物内的金属体。单独敷设时，必须采用镀锌制品，且其规格必须不小于下列规定：扁钢截面积 48mm²，厚度为 4mm；圆钢直径为 12mm。为了便于测量引下线的接地电阻，引下线沿外墙明敷时，宜在离地面 1.5~1.8m 处加断接卡。暗敷时，断接卡可设在距地 300~400mm 的墙内的接地端子测试箱内。

（3）等电位连接环的安装

1）等电位连接环可利用建筑物圈梁的两条水平主钢筋（直径大于或等于12mm），圈梁的主钢筋直径小于12mm的，可用其四根水平主钢筋。用作等电位连接环的圈梁钢筋应用同规格的圆钢接地焊接，没有圈梁的可敷设40mm×4mm扁钢作为均压环。

2）用作等电位连接环的圈梁钢筋或扁钢应与避雷引下线（钢筋或扁钢）连接，与避雷引下线连接形成闭合通路。

3）在建筑物30m以上的金属门窗、栏杆等应用ϕ10mm圆钢或25mm×4mm扁钢与等电位连接环连接。

（4）接地极安装

1）垂直埋设的金属接地体一般采用镀锌角钢、镀锌钢管等；镀锌钢管的壁厚为3.5mm，镀锌角钢的厚度为4mm，镀锌圆钢的直径为12mm，垂直接地体的长度一般为2.5m。人工接地体埋设后接地体的顶部距地面不小于0.6m，接地体的水平间距应不小于5m。

2）水平埋设的接地体通常采用镀锌扁钢、镀锌圆钢等。镀锌扁钢的厚度应不小于4mm；截面积不小于100mm²；镀锌圆钢的直径应不小于12mm。水平接地体敷设于地下，距地面至少为0.6m。

3）接地体的连接应牢固可靠，应用搭接焊接，接地体采用扁钢时，其搭接长度为扁钢宽度的2倍，并有三个邻边施焊；若采用圆钢，其搭接长度为圆钢直径的6倍，并在两面施焊。接地体连接完毕后，应测试接地电阻，接地电阻应符合规范标准要求。

4）接地干线通常采用扁钢、圆钢、铜杆等，室内的接地干线多为明敷，一般敷设在电气井或电缆沟内。接地干线也可利用建筑中现有的钢管、金属框架、金属构架，但要在钢管、金属框架、金属构架连接处做接地跨接。

5）接地干线的连接采用搭接焊接，搭接焊接的要求：扁钢（铜排）之间搭接为扁钢（铜排）宽度的2倍，不少于三面施焊；圆钢（铜杆）之间的搭接为圆钢（铜杆）直径的6倍，双面施焊；圆钢（铜杆）与扁钢（铜排）搭接为圆钢（铜杆）直径的6倍，双面施焊；扁钢（铜排）与钢管（铜管）之间，紧贴3/4管外径表面，上下两侧施焊；扁钢与角钢焊接，紧贴角钢外侧两面，上下两侧施焊。焊接处焊缝应饱满并有足够的机械强度，不得有夹渣、咬肉、裂纹、虚焊、气孔等缺陷，焊接处的药皮清除后，做防腐处理。

6）利用钢结构作为接地干线时，接地极与接地干线的连接应采用电焊连接。当不允许在钢结构电焊时，可采用钻孔、攻丝，然后用螺栓和接地线跨接。钢结构的跨接线一般采用扁钢或编织铜线，跨接线应有150mm的伸缩量。

【例题】防雷接地系统安装时，在土壤条件极差的山石地区应采用接地极水平敷设。要求接地装置所用材料全部采用（　　　）。

　　A. 镀锌圆钢　　　　B. 镀锌方钢　　　　C. 镀锌角钢　　　　D. 镀锌扁钢

【答案】D

【解析】要求接地装置全部采用镀锌扁钢，所有焊接点处均刷沥青。接地电阻应小于4Ω。

2.2.4　配管配线

1. 配管介绍

常用穿线管为镀锌电线管、焊接钢管、镀锌钢管、紧定（扣压）式薄壁钢管、防爆镀锌钢管、PVC阻燃塑料管、软管等。各种管的介绍见表2-1。

各种管的介绍　　　　　　　　　　　　　　　　　表2-1

序号	名称	特点	适用安装部位
1	电线管	管壁较薄	干燥场所的明、暗配
2	焊接钢管	管壁较厚	潮湿、有机械外力、有轻微腐蚀气体场所的明、暗配
3	套接紧定式JDG（扣压式KBG）钢导管	连接、弯曲操作简易，不用套丝、无须做跨接线、无须刷油，效率较高。KBG管的管壁稍薄一些	潮湿、有机械外力、有轻微腐蚀气体场所的明、暗配
4	防爆镀锌钢管	加厚的无缝钢管抗压能力强	煤气室的电气配管或是易燃易爆的房间的电气配管
5	硬质聚氯乙烯管	耐腐蚀性较好，易变形老化，机械强度比钢管差	腐蚀性较大的场所的明、暗配
6	半硬质阻燃管（PVC阻燃塑料管）	刚柔结合、易于施工，劳动强度较低，质轻，运输较为方便	民用建筑暗配管
7	刚性阻燃管（刚性PVC管，PVC冷弯电线管）	弯曲时需要专用弯曲弹簧，专用接头插入法连接	
8	金属软管（蛇皮管）	柔性材料用来保护电缆或导线不受机械损伤	用于较小型电动机的接线盒与钢管口的连接

配线常用导管主要包括：焊接钢管、防爆镀锌钢管、硬质聚氯乙烯管、半硬质阻燃管、刚性阻燃管、金属软管电线管等。

单芯导线管选择表见表2-2。

单芯导线管选择表　　　　　　　　　　　　　　　表2-2

线芯截面（mm²）	焊接钢管（管内导线根数）									电线管（管内导线根数）									线芯截面（mm²）
	2	3	4	5	6	7	8	9	10	10	9	8	7	6	5	4	3	2	
1.5	15	15	20	20	25	25	25	25	25	32	32	32	25	25	25	20	20	20	1.5
2.5	15	15	20	20	25	25	25	25	25	32	32	32	25	25	25	20	20	20	2.5
4	15	20	20	25	25	32	32	32	32	32	32	32	25	25	25	20	20	20	4
6	20	20	25	25	32	32	32	32	32	40	40	32	32	25	25	20	20	20	6

续表

线芯截面（mm²）	焊接钢管（管内导线根数）									电线管（管内导线根数）									线芯截面（mm²）
	2	3	4	5	6	7	8	9	10	10	9	8	7	6	5	4	3	2	
10	20	25		32		40		50						40		32		25	10
16	25		32		40	50									40		32		16
25	32		40		50		70									40		32	25
35	32	40	50			70		80									40		35
50	40		50		70			80											50
70	50			70			80												70
95	50	70	80																95
120	70		80																120
150	70		80																150
185	70	80																	185

2.导线介绍

导线一般采用铜、铝、铝合金和钢等材料制造。按照导线线芯结构一般可以分为单股导线和多股导线两大类,按照有、无绝缘和导线结构可以分成裸导线和绝缘导线两大类。

（1）裸导线

1）裸导线:裸导线是没有绝缘层的导线,包括铜线、铝线、铝绞线、铜绞线、钢芯铝绞线和各种型线等。主要用于户外架空电力线路以及室内汇流排和配电柜、箱内连接等用途。

2）单圆线:包括圆铜线、圆铝线、镀锡圆铜线、铝合金圆线、铝包钢圆线、铜包钢圆线和镀银圆线等。

3）裸绞线:包括铝绞线、钢芯铝绞线、轻型钢芯铝绞线、加强型钢芯铝绞线、防腐钢芯铝绞线、扩径钢芯铝绞线、铝合金绞线和硬铜绞线等。

4）软接线:包括铜电刷线、铜天线、铜软绞线、铜特软绞线和铜编织线等。

5）型线:包括扁铜线、铜母线、铜带、扁铝线、铝母线、管型母线（铝镁合金管）、异形铜排和电车线等。

裸导线的表示方法:裸导线的型号、类别、用途等用汉语拼音表示,字母含义见表2-3。

裸导线产品型号各部分代号及其含义   表2-3

类别 （以导体区分）	特征				派生
	形状	加工	类型	软硬	
C：电车线	B：扁形	F：防腐	J：加强型	R：柔软	A：第一种
G：钢（铁线）	D：带形	J：绞制	K：扩径型	Y：硬	B：第二种

续表

类别 （以导体区分）	特征				派生
	形状	加工	类型	软硬	
HL：热处理型铝镁硅合金线	G：沟形	X：纤维编织	Q：轻型	YB：半硬	1：第一种
L：铝线	K：空心	X：镀锡	Z：支撑式		2：第二种
M：母线	P：排状	YD：镀银	C：触头用		3：第三种
S：电刷线	T：梯形	Z：编织			4：第四种
T：天线	Y：圆形				
TY：银铜合金					

（2）绝缘导线

绝缘导线由导电线芯、绝缘层和保护层组成，常用于电气设备、照明装置、电工仪表、输配电线路的连接等。

绝缘电线按绝缘材料可分为聚氯乙烯绝缘、聚乙烯绝缘、交联聚乙烯绝缘、橡皮绝缘和丁腊聚氯乙烯复合物绝缘等。电磁线也是一种绝缘线，它的绝缘层是涂漆或包缠纤维，如丝包、玻璃丝及纸等。

绝缘导线按工作类型可分为普通型、防火阻燃型、屏蔽型及补偿型等。

导线芯按使用要求的软硬又可分为硬线、软线和特软线等结构类型。其绝缘型号、名称和用途表示方法见表 2-4。

常用绝缘导线的型号、名称和用途   表 2-4

型号	名称	用途
B×（BL×） B×F（BL×F） B×R	铜（铝）芯橡皮绝缘电线 铜（铝）芯氯丁橡皮绝缘电线 铜芯橡皮绝缘软线	适用交流 500V 及以下，或直流 1000V 及以下的电气设备及照明装置使用。电线的长期允许工作温度不应超过 65℃
BV（BLV） BVV（BLVV） BVVB（BLVVB） BVR BV-105 ZR-BV（BLV） NH-BV WDZ-BY WDZ-BYJ	铜（铝）芯聚氯乙烯绝缘电线 铜（铝）芯聚氯乙烯绝缘聚氯乙烯护套圆形电线 铜（铝）芯聚氯乙烯绝缘聚氯乙烯护套平形电线 铜芯聚氯乙烯绝缘软线 铜芯耐热 105℃聚氯乙烯绝缘电线 阻燃铜（铝）芯聚氯乙烯绝缘电线 铜芯聚氯乙烯绝缘耐火电线 铜芯低烟无卤阻燃聚烯烃绝缘电线 铜芯低烟无卤阻燃交联聚烯烃绝缘电线	适用于各种交流、直流电气装置，电工仪表、仪器，电讯设备，动力及照明线路固定敷设之用。电线长期允许工作温度不超过 70℃（BV-105 型除外）
RV RVB RVS RV-105 RFS CRV RXS RX	铜芯聚氯乙烯绝缘软线 铜芯聚氯乙烯绝缘平形软线 铜芯聚氯乙烯绝缘绞型连接软线 铜芯耐热 105℃聚氯乙烯绝缘连接软线 铜芯丁月青聚氯乙烯复合物绝缘软线 铜芯聚氯乙烯绝缘清洁软电线 铜芯橡皮绝缘棉纱编织绞型软电线 铜芯橡皮绝缘棉纱编织圆形软电线	适用于各种交、直流电器、电工仪器、家用电器、小型电动工具、动力及照明装置的连接。电线长期允许工作温度不超过 70℃（RV-105 型除外）

型号	名称	用途
BBX BBLX	铜芯橡皮绝缘玻璃丝编织电线 铝芯橡皮绝缘玻璃丝编织电线	适用电压分别有 500V 及 250V 两种，用于室内外明装固定敷设或穿管敷设

注：B——第一个字母表示布线，第二个字母表示玻璃丝编织；L——铝芯，无字母则表示铜芯；X——橡皮绝缘；V（V）——第一个字母表示聚氯乙烯（塑料）绝缘，第二个字母表示聚氯乙烯护套（Y——聚氯乙烯护套）；F——复合型；R——软线；平形电线，无字母则表示圆形；S——双绞；ZR——阻燃；NH——耐火；WDZ——低烟无卤阻燃。

举例：WDZ-BYJDN2.5——低烟无卤阻燃，公称直径为 2.5mm^2 的交联聚乙烯绝缘导线。BJY—3×2.5MR—PC20WC—CC——三根直径为 2.5mm^2 的交联聚乙烯绝缘导线，穿金属管和 20mm 硬质塑料管沿墙沿顶棚暗敷。

3. 电力电缆（型号、材质）介绍

电力电缆是用于传输和分配电能的一种电缆，电力电缆的使用电压范围宽，可从几百伏到几百千伏，并具有防潮、防腐蚀、防损伤、节约空间、易敷设、运行简单方便等特点，广泛用于电力系统、工矿企业、高层建筑及各行各业中。

按敷设方式和使用性质，电力电缆可分为普通电缆、直埋电缆、海底电缆、架空电缆、矿山井下用电缆和阻燃电缆等种类。按绝缘方式可分为聚氯乙烯绝缘、交联聚乙烯绝缘、油浸纸绝缘、橡皮绝缘和矿物绝缘等。

电缆型号的内容包含有用途类别、绝缘材料、导体材料、铠装保护层等。电缆型号含义见表 2-5，一般型号表示如图 2-10 所示。

电缆型号含义　　　　　　　　　　　　　　　　　　　　　表 2-5

类	导体	绝缘	内护套	特征
电力电缆（省略不表示） K：控制电缆 P：信号电缆 YT：电梯电缆 U：矿用电缆 Y：移动式软缆 H：市内电话缆 UZ：电钻电缆 DC：电气化车辆用电缆	T：铜 （可省略） L：铝线	VV：聚氯乙烯 Y：聚乙烯 YJ：交联聚乙烯 X：天然橡胶	V：聚氯乙烯护套 Y：聚乙烯护套 Q：铅护套 L：铝护套 H：橡胶护套 （H）P：非燃性 HF：氯丁胶 VF：复合物 HD：耐寒橡胶	D：不滴油 F：分相 CY：充油 P：屏蔽 C：滤尘用或重型 G：高压

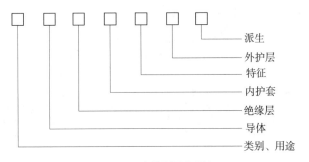

图 2-10　电缆型号表示法

电缆如有外护层时，在表示型号的汉语拼音字母后面用两个阿拉伯数字来表示外护层的结构。其外护层的结构按铠装层和外被层的结构顺序用阿拉伯数字表示，前一个数字表示铠装结构，后一个数字表示外被层结构类型。电缆通用外护层和非金属套电缆外护层中每一个数字所代表的主要材料及含义见表2-6、表2-7。

电缆通用外护层型号数字含义　　　　　　表2-6

第一个数字		第二个数字	
代号	铠装层类型	代号	外被层类型
0	无	0	无
1	钢带	1	纤维线包
2	双钢带	2	聚氯乙烯护套
3	细圆钢丝	3	聚乙烯护套
4	粗圆钢丝	4	—

非金属套电缆外护层的结构组成标准　　　　　　表2-7

型号	外护层机构		
	内衬型	铠装型	外被型
12	绕包型：塑料带或无纺布带 挤出型：塑料套	联锁铠装	聚氯乙烯外套
22		双钢带铠装	聚氯乙烯外套
23			聚乙烯外套
32		单细圆钢丝铠装	聚氯乙烯外套
33			聚乙烯外套
42	塑料套	单粗圆钢丝铠装	聚氯乙烯外套
43			聚乙烯外套
41			
441		双粗圆钢丝铠装	胶黏涂料 – 聚丙烯或电缆沥青浸渍麻 – 电缆沥青 – 白垩粉
241		双钢带单粗圆钢丝铠装	

电缆如今已衍生出新的阻燃电缆、耐火电缆、低烟无卤/低烟低卤电缆、防白蚁/老鼠电缆、耐油/耐寒/耐温/耐磨电缆、预分支电缆等，在电缆代号前加字母表示，字母含义如下：ZR——阻燃；NH——耐火；GZR——隔氧层阻燃；GNH——隔氧层耐火；GDL——隔氧层低卤；WLNH——无卤耐火；DLNH——低卤耐火；WD——低烟无卤；WDZ——低烟无卤阻燃；WDZN——低烟无卤阻燃耐火；FS——防水；H——耐寒；FYS——环保型防白蚁、防鼠；YDF——预分支。

表示方法举例：

ZR-YJ（L）V22—3×120—10—300 表示铜（铝）芯交联聚乙烯绝缘、聚氯乙烯护套、双钢带铠装、三芯、120mm²、电压10kV、长度为300m的阻燃电力电缆。

NH—VV22（3×25+1×16）表示铜芯、聚氯乙烯绝缘和护套、双钢带铠装、三芯 25mm² 一芯 16mm² 的耐火电力电缆。

GZR-VV（GZR—VLV）表示铜（铝）芯聚氯乙烯绝缘、聚氯乙烯护套、隔氧层阻燃电力电缆。

GDL—VV 表示铜芯聚氯乙烯绝缘、聚氯乙烯护套、隔氧层低卤电力电缆。

在实际建筑工程中，一般优先选用交联聚乙烯电缆，其次用不滴油纸绝缘电缆，最后选普通油浸纸绝缘电缆。当电缆水平高差较大时，不宜使用黏性油浸纸绝缘电缆。工程中直埋电缆必须选用铠装电缆。

4. 几种常用电缆

（1）聚氯乙烯绝缘聚氯乙烯护套电力电缆。聚氯乙烯绝缘聚氯乙烯护套电力电缆长期工作温度不超过 70℃，电缆导体的最高温度不超过 160℃，短路最长持续时间不超过 5s，施工敷设最低温度不得低于 0℃，最小弯曲半径不小于电缆直径的 10 倍。技术数据见表 2-8。

铜、铝聚氯乙烯铜芯导体电力电缆   表 2-8

型号		名称
铜芯	铝芯	
VV	VLV	聚氯乙烯绝缘聚氯乙烯护套电力电缆
VV22	VLV22	聚氯乙烯绝缘聚氯乙烯护套钢带铠装电力电缆
ZR-VV	ZR-VLV	聚氯乙烯绝缘聚氯乙烯护套阻燃电力电缆
ZR-VV22	ZR-VLV22	聚氯乙烯绝缘聚氯乙烯护套钢带铠装阻燃电力电缆
NH-VV	NH-VLV	聚氯乙烯绝缘聚氯乙烯护套耐火电力电缆
NH-VV22	NH-VLV22	聚氯乙烯绝缘聚氯乙烯护套钢带铠装耐火电力电缆

（2）交联聚乙烯绝缘电力电缆。简称 ×LPE 电缆，它是利用化学或物理的方法使电缆的绝缘材料聚乙烯塑料的分子由线型结构转变为立体的网状结构，即把原来是热塑性的聚乙烯转变成热固性的交联聚乙烯塑料，从而大幅度地提高了电缆的耐热性能和使用寿命，仍保持其优良的电气性能。型号及名称见表 2-9。

交联聚乙烯绝缘电力电缆   表 2-9

电缆型号		名称	适用范围
铜芯	铝芯		
YJV	YJLV	交联聚乙烯绝缘聚氯乙烯护套电力电缆	室内，隧道，穿管，埋入土内（不承受机械力）
YJY	YJLY	交联聚乙烯绝缘聚乙烯护套电力电缆	
YJV$_{22}$	YJLV$_{22}$	交联聚乙烯绝缘聚氯乙烯护套双钢带铠装电力电缆	室内，隧道，穿管，埋入土内
YJV$_{23}$	YJLV$_{23}$	交联聚乙烯绝缘聚氯乙烯护套双钢带铠装电力电缆	
YJV$_{32}$	YJLV	交联聚乙烯绝缘聚氯乙烯护套细钢丝铠装电力电缆	竖井，水中，有落差的地方，能承受外力
YJV$_{33}$	YJLV$_{33}$	交联聚乙烯绝缘聚氯乙烯护套细钢丝铠装电力电缆	

交联聚乙烯绝缘电力电缆电场分布均匀，没有切向应力，质量轻，载流量大，常用于500kV及以下的电缆线路中，主要优点：优越的电气性能，良好的耐热性热和机械性能，敷设安全方便。

5. 控制及综合布线电缆介绍

（1）控制电缆

控制电缆适用于交流50Hz，额定电压450/750V，600/1000V及以下的工矿企业、现代化高层建筑等的远距离操作、控制、信号及保护测量回路。作为各类电气仪表及自动化仪表装置之间的连接线，起着传递各种电气信号、保障系统安全、可靠运行的作用。

控制电缆按工作类别可分为普通、阻燃（ZR）、耐火（NH）、低烟低卤（DLD）、低烟无卤（DW）、隔氧层阻燃类（GZR）、耐温类、耐寒类控制电缆等，控制电缆表示方法见表2-10。

控制电缆表示方法　　　　　　　表2-10

类别用途	导体	绝缘材料	护套、屏蔽特征	外护层	派生、特征
K：控制电缆	T：铜芯 L：铝芯	Y：聚乙烯 V：聚氯乙烯 X：橡皮 YJ：交联聚乙烯	Y：聚乙烯 V：聚氯乙烯 F：氯丁胶 Q：铝套 P：编织屏蔽	02，03 20，22 23，30 32，33	80，105 1——铜丝缠绕屏蔽 2——铜带绕包屏蔽

注：铜芯代码字母"T"在型号中一般省略。

1）聚氯乙烯绝缘聚氯乙烯护套控制电缆

聚氯乙烯绝缘聚氯乙烯护套控制电缆适用于交流额定电压600/1000V及以下控制、监控回路及保护线路等场合，作为电气装备之间的控制接线。具有优良的电气性能、机械性能、耐热老化性能、耐环境应力性能、耐化学腐蚀性能和不延燃性能，以及结构简单、使用方便、不受敷设落差限制等优点。

2）阻燃控制电缆

阻燃控制电缆适用于交流额定电压600/1000V及以下有特殊阻燃要求的控制、监控回路及保护线路等场合，作为电气装备之间的控制接线。主要包括阻燃A类控制电缆、特种阻燃控制电缆、低烟无卤阻燃控制电缆、低烟低卤阻燃控制电缆、交联聚乙烯绝缘控制电缆及阻燃控制电缆等。

控制电缆与电力电缆的区分为：

电力电缆有铠装和无铠装的，控制电缆一般有编织的屏蔽层；

电力电缆通常线径较粗，控制电缆截面一般不超过10mm^2；

电力电缆有铜芯和铝芯，控制电缆一般只有铜芯；

电力电缆有高耐压的，所以绝缘层厚，控制电缆一般是低压的，绝缘层相对要薄；

电力电缆芯数少（一般少于 5 芯），控制电缆一般芯数多。

（2）综合布线电缆

综合布线电缆用于传输语言、数据、影像和其他信息的标准结构化布线系统，其主要目的是在网络技术不断升级的条件下，仍能实现高速率数据的传输要求。只要各种传输信号的速率符合综合布线电缆规定的范围，则各种通信业务都可以使用综合布线系统。综合布线系统使语言和数据通信设备、交换设备和其他信息管理设备彼此连接。

综合布线系统使用的传输媒体有各种大对数铜缆和各类非屏蔽双绞线及屏蔽双绞线。大对数线缆主要用于垂直干线系统。线缆类别应根据工程对综合布线系统传输频率和传输距离的要求选择。缆线按对绞线类型（屏蔽型 4 对 8 芯线缆）可分成 3 类、5 类、超 5 类、6 类等；按屏蔽层类型可分成 UTP 电缆（非屏蔽）、FTP 电缆（金属箔屏蔽）、SFTP 电缆（双总屏蔽层）、STP 电缆（线对屏蔽和总屏蔽）；按规格（对数）分有 25、50、100 对等电缆规格。

大对数铜缆主要型号规格：

1）三类大对数铜缆 UTP CAT3.025~100（25~100 对）；

2）五类大对数铜缆 UTP CAT5.025~50（25~50 对）；

3）超五类大对数铜缆 UTP CAT51.025~50（25~50 对）。

【例题】双绞线是由两根绝缘的导体扭绞封装而成，其扭绞的目的为（　　　）。

A. 将对外的电磁辐射和外部的电磁干扰减到最小

B. 将对外的电磁辐射和外部的电感干扰减到最小

C. 将对外的电磁辐射和外部的频率干扰减到最小

D. 将对外的电感辐射和外部的电感干扰减到最小

【答案】A

【解析】双绞线是由两根绝缘的导体扭绞封装在一个绝缘外套中而形成的一种传输介质，通常以对为单位，并把它作为电缆的内核，根据用途不同，其芯线要覆以不同的护套。扭绞的目的是使对外的电磁辐射和遭受外部的电磁干扰减少到最小。

6. 母线及桥架介绍

（1）母线。母线是各级电压配电装置中的中间环节，它的作用是汇集、分配和传输电能，主要用于电厂发电机出线至主变压器、厂用变压器以及配电箱之间的电气主回路的连接。

母线分为裸母线和封闭母线两大类。裸母线分为两类：一类是软母线（多股铜绞线或钢芯铝线）用于电压较高（350kV 以上）的户外配电装置；另一种是硬母线，用于电压较低的户内外配电装置和配电箱之间电气回路的连接，形状有矩形、槽形和管形。

封闭母线是用金属外壳将导体连同绝缘等封闭起来的母线。封闭母线包括离相封闭母线、共箱（含共箱隔相）封闭母线和电缆母线，广泛用于发电厂、变电所、工业和民用电源的引线。

（2）桥架。桥架是由托盘、梯架的直线段、弯通、附件以及支吊架组合构成，用以支撑电缆的具有连接的刚性结构系统的总称。桥架按制造材料分类分为钢制桥架、铝合金桥架、玻璃钢阻燃桥架等；按结构形式分为梯级式、托盘式、槽式（槽盒）、组合式，如图2-11所示。

（a）　　　　　　　（b）　　　　　　　（c）

图2-11　各式桥架

（a）阶梯式；（b）托盘式；（c）槽式（槽盒）

电缆托盘、梯架布线适用于电缆数量较多或较集中的场所；金属槽盒布线一般适用于正常环境的室内明敷工程，不宜在有严重腐蚀及宜受严重机械损伤的场所采用。有盖的封闭金属槽盒可在建筑物顶棚内敷设；难燃封闭槽盒用于电缆防火保护，属轻型封闭式。能阻断燃烧火焰，能维持盒内电缆正常的工作。耐火槽盒在槽盒主体和盖板的内侧设置无机耐火隔板或在槽盒的内、外喷涂防火涂料，槽盒表面经过喷塑、电镀锌、电镀锌加喷塑或热镀锌处理。

2.2.5　主要配管配线施工方法

1. 电缆安装

电缆安装方式包括：埋地敷设、管沟敷设、沿墙吊挂敷设和卡设、沿柱卡设、穿导管敷设、桥架敷设、沿钢索卡设、沿支架敷设、架空敷设等。

（1）埋地敷设

电缆在室外直接埋地敷设。直埋电缆时，先将埋设电缆土沟（按电缆埋深加100mm）挖好，在沟底铺不小于100mm厚的细沙（软土）。敷好电缆后，在电缆上再铺不小于100mm厚细沙（或软土），然后盖砖或盖保护板（根据设计规定，设计无规定时，按盖砖计算）。上面回填土略高于原有地面。多根电缆同沟敷设时，10kV以下电缆平行距离为170mm，10kV以上电缆平行距离为350mm。

（2）管沟敷设

管沟敷设分无支架和有支架敷设。无支架敷设是将电缆直接敷设在电缆沟底上，沟顶盖水泥盖板。在两种不同等级电压下利用接地线屏蔽，接地线焊在预埋件上，预埋件间距为1000mm。有支架敷设是将电缆支架安装在电缆沟内的两侧（双侧支架）或一侧（单侧支架），然后将电缆托在支架上。

（3）沿墙吊挂敷设和卡设

电缆沿墙吊挂敷设，是先将挂钉预埋在墙内，然后将挂钩挂在挂钉上，电缆放入挂钩即可。挂钩间距：电力电缆为 1m，控制电缆为 0.8m。挂钩不超过 3 层。电缆沿墙卡设，是先将预制好的电缆支架预埋在墙内，然后把电缆用卡子固定在预埋支架上。

（4）沿柱卡设

先将抱箍支架卡设在柱子上，再将保护钢管卡设在支架上，此法适用于电缆穿钢管沿柱垂直敷设。

（5）穿导管敷设

穿导管敷设指整条电缆穿钢管敷设。先将管道敷设好（明设或暗设），再将电缆穿入管内，穿入管中电缆的数量应符合设计要求，要求管道的内径等于电缆外径的 1.5~2 倍，管道的两端应做喇叭口。交流单芯电缆不得单独穿入钢管内。敷设电缆管时应有 0.1% 的排水坡度。

（6）桥架敷设

电缆桥架由立柱、托臂、托盘、隔板和盖板等组成。电缆一般敷设在托盘内。电缆桥架悬吊式立柱安装是由土建专业预埋铁件，安装时用膨胀螺栓将立柱固定在预埋铁件上，然后将托臂固定于立柱上，托盘固定在托臂上，电缆放在托盘内。

（7）沿钢索卡设

先将钢索两端固定好，其中一端装有花篮螺栓，用以调节钢索松紧程度，再用卡子将电缆固定在钢丝绳上。此法一般用于软电缆。

（8）沿支架敷设

先将支架螺栓预埋在墙上，并把在施工现场制作好的支架固定在预埋螺栓上，然后将电缆固定在电缆支架上。电缆直接固定在墙上的，也应先将螺栓预埋在墙上，然后用卡子将电缆与螺栓固定。

（9）架空敷设

架空线路包括电杆架空线路和沿墙架空线路两种类型。电杆架空线路是将导线（裸铝或裸铜）或电缆架设在电杆的绝缘子上的线路。将绝缘导线或电缆沿建筑外墙架设在绝缘子上的线路，称为沿墙架空线路。

线路敷设方式文字符号见表 2-11，线路敷设部位文字符号见表 2-12。

线路敷设方式文字符号　　　　　　　　　　　　　表 2-11

敷设方式	新符号	敷设方式	新符号
穿焊接钢管敷设	SC	电缆桥架敷设	CT
穿电线管敷设	MT	金属线槽敷设	MR
穿硬塑料管敷设	PC	塑料线槽敷设	PR
穿阻燃半硬聚氯乙烯管敷设	FPC	直埋敷设	DB
穿聚氯乙烯塑料波纹管敷设	KPC	电缆沟敷设	TC
穿金属软管敷设	CP	混凝土排管敷设	CE
穿扣压式薄壁钢管敷设	KBG	钢索敷设	M

线路敷设部位文字符号　　　　　　　　　　　　　　表 2-12

敷设方式	符号	敷设方式	符号
沿或跨梁（屋架）敷设	AB	暗敷设在墙内	WC
暗敷设在梁内	BC	沿顶棚或顶板面敷设	CE
沿或跨柱敷设	AC	暗敷设在屋面或顶板内	CC
暗敷设在柱内	CLC	吊顶内敷设	SCE
沿墙面敷设	WS	地板或地面下敷设	F

2. 母线安装

母线安装有几种方式：

在电力系统中，母线把配电装置中的各个载流分支回路连接在一起，起着汇集、分配和传送电能的作用。母线按外形和结构，大致分为以下三类：

硬母线：包括矩形母线、圆形母线、管形母线等。

软母线：包括铝绞线、铜绞线、钢芯铝绞线、扩径空心导线等。

封闭母线：包括共箱母线、分相母线等。

（1）裸母线材质和规格必须符合施工图纸要求。表面应光洁平整，无裂纹、折皱、夹杂物和严重的变形等缺陷。

（2）母线槽的标准单元、特殊长度、标准配件、特殊配件等配置和现场实测相一致，型号、规格应符合设计要求。合格证和技术文件应齐全，防火型母线槽应有防火等级和燃烧报告。

（3）根据裸母线走向放线测量，确定支架在不同结构部位的不同安装方式，核对和设计图纸是否相符。

（4）裸母线与设备连接或与分支线连接时，应用螺栓搭接，以便检修和拆换。螺栓搭接的接触面应保持清洁，并涂以电力复合脂。当裸母线额定电流大于 2000A 时应用铜质螺栓连接。

（5）三相交流裸母线的涂色为：A 相—黄色、B 相—绿色、C 相—红色。

3. 导管安装

（1）埋入建筑物、构筑物的电线保护管，与建筑物、构筑物表面的距离不应小于 15mm。

（2）电线保护管不宜穿过设备或建筑物、构筑物的基础。当必须穿过时，应采取保护措施。

（3）电线保护管的弯曲半径应符合下列规定：

当线路明配时，弯曲半径不宜小于管外径的 6 倍；当两个接线盒间只有一个弯曲时，其弯曲半径不宜小于管外径的 4 倍。

当线路暗配时，弯曲半径不应小于管外径的 6 倍；当线路埋设于地下或混凝土内时，其弯曲半径不应小于管外径的 10 倍。

（4）管内导线应采用绝缘导线，A、B、C 相线颜色分别为黄、绿、红，保护接地线为黄绿双色，零线为淡蓝色。

（5）导线敷设后，应用 500V 兆欧表测试绝缘电阻，线路绝缘电阻应大于 0.5MΩ。

（6）不同回路、不同电压等级、交流与直流的导线不得穿在同一管内。但电压为 50V 及以下的回路，同一台设备的电动机的回路和无干扰要求的控制回路，照明灯的所有回路，同类照明的几个回路可穿入同一根管内，但管内导线总数不应多于 8 根。

（7）同一交流回路的导线应穿入同一根钢管内。导线在管内不应有接头。接头应设在接线盒（箱）内。

（8）管内导线包括绝缘层在内的总截面积，不应大于管内空截面积的 40%。

2.3　电气安装工程主要图例及识图方法

2.3.1　电气安装工程主要图例符号

图例是建筑制图中对于材料设备的标准规定。电气安装工程主要图例见表 2-13。

电气安装工程主要图例符号　　　　　　　　　　　　　表 2-13

序号	图形符号	名称	序号	图形符号	名称
1		变电所、配电所	14		三管荧光灯
2		屏台、箱、柜的一般符号	15		壁灯
3		动力或动力照明配电箱	16		明装单相插座
4		信号箱（板、屏）	17		暗装单相插座
5		照明配电箱（屏）	18		电缆交接间
6		事故照明配电箱（屏）	19		架空交接箱
7		多种电源配电箱（屏）	20		落地交接箱
8		插座箱（板）	21	Wh	电度表
9		灯的一般符号	22		壁龛交接箱
10		球形灯	23		分线盒
11		顶棚灯	24		低压断路器箱
12		单管荧光灯	25		明装单极开关
13		双管荧光灯	26		暗装单极开关

续表

序号	图形符号	名称	序号	图形符号	名称
27		明装双极开关	37		向上配线
28		暗装双极开关	38		向下配线
29		明装三极开关	39		垂直通过配线
30		暗装三极开关	40		变压器
31		单极拉线开关	41		断路器
32		双控开关（单极三线）	42		隔离开关
33		应急灯（自带电源）	43		负荷开关
34		母线	44		熔断器
35		事故照明线	45		熔断器式开关
36		避雷器			

2.3.2 识图方法及顺序

1.读图的原则、方法及顺序

就建筑电气施工图而言，一般遵循"六先六后"的原则，即先强电后弱电、先系统后平面、先动力后照明、先下层后上层、先室内后室外、先简单后复杂。

在进行电气施工图阅读之前一定要熟悉电气识图基本知识（表达形式、通用画法、图形符号、文字符号等），弄清图例、符号所代表的内容。常用的电气工程图例及文字符号可参见国家颁布的《建筑电气工程设计常用图形和文字符号》09DX001。在此基础上，熟悉建筑电气安装工程图的特点，同时掌握一定的阅读方法，这样才有可能比较迅速、全面地读懂图纸，实现读图的意图和目的。

阅读建筑电气安装工程图的方法没有统一的规定，针对一套电气施工图，一般应先按以下顺序阅读，然后针对某部分内容进行重点阅读。

电气工程施工图的识读顺序为：标题栏→目录→设计说明→图例→系统图→平面图→接线图→标准图。

（1）看标题栏：了解工程项目名称内容、设计单位、设计日期、绘图比例。

（2）看目录：了解单位工程图纸的数量及各种图纸的编号。

（3）看设计说明：了解工程概况、供电方式以及安装技术要求。特别注意的是，有些分项工程局部问题是在各分项工程图纸上说明的，看分项工程图纸时也要先看设计说明。

（4）看图例：充分了解各图例符号所表示的设备器具名称及标注说明。

（5）看系统图：各分项工程都有系统图，如变配电工程的供电系统图、电气工程的电力系统图、电气照明工程的照明系统图，了解主要设备、元件连接关系及它们的规格、型号、参数等，掌握该系统的组成概况。

（6）看平面图：了解建筑物的平面布置、轴线、尺寸、比例，各种变配电设备、用电设备的编号、名称和它们在平面上的位置，各种变配电设备起点、终点、敷设方式及在建筑物中的走向。在通读系统图了解了系统的组成概况之后，就可以依据平面图编制工程预算和施工方案具体组织施工。所以，对平面图必须熟读。

阅读平面图的一般顺序是：总干线→总配电箱→分配电箱→用电器具。

（7）看电路图、接线图：了解系统中用电设备控制原理用来指导设备安装及调试工作，在进行控制系统调试及校线工作中，应依据功能关系上至下或从左至右逐个回路阅读，电路图与接线图、端子图配合阅读。熟悉电路中各电器的性能和特点，对读懂图纸将是一个极大的帮助。

（8）看标准图：标准图详细表达设备、装置、器材的安装方式方法。

（9）看设备材料表：设备材料表提供了该工程所使用的设备、材料的型号、规格、数量，是编制施工方案、编制预算、材料采购的重要依据。

此外，在识图时应抓住要点进行识读，如在明确负荷等级的基础上了解供电电源的来源、引入方式和路数；了解电源的进户方式是由室外低压架空引入还是电缆直埋引入；明确各配电回路的相序、路径、管线敷设部位、敷设方式以及导线的型号和根数；明确电气设备、器件的平面安装位置等。

电气施工与土建施工结合得非常紧密，施工中常常涉及各工种之间的配合问题。电气施工平面图只反映了电气设备的平面布置情况，结合土建施工图的阅读还可以了解电气设备的立体布设情况。

2.4 电气安装工程计量与计价

2.4.1 电气设备安装工程工程量计算规范

本节内容对应《安装工程量计算规范 2013》附录 D 电气设备安装工程，适用于 10kV 以下变配电设备及线路的安装工程、车间动力电气设备及电气照明、防雷及接地装置安装、配管配线、电气调试等。附录 D 共分为 14 个分部（表 2-14）。

附录 D 电气设备安装工程主要内容 表 2-14

编码	分部工程名称	编码	分部工程名称
030401	D.1 变压器安装	030404	D.4 控制设备及低压电器安装
030402	D.2 配电装置安装	030405	D.5 蓄电池安装
030403	D.3 母线安装	030406	D.6 电机检查接线及调试

续表

编码	分部工程名称	编码	分部工程名称
030407	D.7 滑触线装置安装	030411	D.11 配管、配线
030408	D.8 电缆安装	030412	D.12 照明器具安装
030409	D.9 防雷及接地装置	030413	D.13 附属工程
030410	D.10 10kV 以下架空配电线路	030414	D.14 电气调整试验

1. 变压器安装（编码：030401）

变压器安装共设置了油浸电力变压器、干式变压器、整流变压器、自耦变压器、有载调压变压器、电炉变压器、消弧线圈 7 个分项。以名称、型号等分别列项，按照设计图示数量计算工程量。

2. 配电装置安装（编码：030402）

配电装置安装共设置油断路器、真空断路器、SF6 断路器、空气断路器、真空接触器、隔离开关、负荷开关、互感器、高压熔断器、避雷器、干式电抗器、油浸电抗器、移相及串联电容器、集合式并联电容器、并联补偿电容器组架、交流滤波装置组架、高压成套配电柜、组合型成套箱式变电站，共包括 18 个分项。以名称、型号等分类列项，按照设计图示数量计算工程量。

3. 母线安装（编码：030403）

母线安装共设置软母线、组合软母线、带形母线、槽形母线、共箱母线、低压封闭式插接母线槽等 8 个分项。

（1）软母线、组合软母线、带形母线、槽形母线根据名称、材质（型号）等列项，按设计图示尺寸以单相长度计算（含预留长度）工程量；

（2）共箱母线、低压封闭式插接母线槽根据名称、型号等列项，按设计图示尺寸以中心线长度计算工程量；

（3）始端箱、分线箱根据名称、型号等列项，按设计图示数量计算工程量；

（4）重型母线根据名称、型号等列项，按设计图示尺寸以质量计算工程量。

【例题】母线的作用是汇集、分配和传输电能。母线按材质划分有（　　　）。

A. 镍合金母线　　　B. 钢母线　　　　C. 铜母线　　　　D. 铝母线

【答案】BCD

【解析】裸母线分硬母线和软母线两种。硬母线又称汇流排，软母线包括组合软母线。按材质母线可分为铝母线、铜母线和钢母线等三种；按形状可分为带形、槽形、管形和组合软母线四种；按安装方式，带形母线有每相 1 片、2 片、3 片和 4 片，组合软母线有 2 根、3 根、10 根、14 根、18 根和 36 根等。

4. 控制设备及低压电器安装（编码：030404）

控制设备及低压电器安装共设置控制屏、继电 / 信号屏、模拟屏、低压开关柜（屏）、弱电控制返回屏、箱式配电室、硅整流柜、可控硅柜、低压电容器柜、自动调节励磁屏、励磁灭磁屏、蓄电池屏（柜）、直流馈电屏、事故照明切换屏、控制台、控制箱、配电箱、插座箱、控制开关、低压熔断器、限位开关、控制器、接触器、磁力启动器、Y—△自耦减压启动器、电磁铁（电磁制动器）、快速自动开关、电阻器、油浸频敏变阻器、分流器、小电器、端子箱、风扇、照明开关、插座以及其他电器 36 个分项。根据名称、型号、规格等分别列项，按设计图示数量计算工程量。

5. 蓄电池安装（编码：030405）

蓄电池安装共设置蓄电池、太阳能电池 2 个分项，根据名称、规格等分别列项，按设计图示数量计算工程量。

6. 电机检查接线及调试（编码：030406）

电机检查接线及调试共设置发电机、调相机、普通小型直流电动机、可控硅调速直流电动机、普通交流同步电动机、低压交流异步电动机、高压交流异步电动机、交流变频调速电动机、微型电机 / 电加热器、电动机组、备用励磁机组、励磁电阻器 12 个分项，根据名称、型号等分别列项，按设计图示数量计算工程量。

其中，电动机按其质量划分为大、中、小型：3t 以下为小型，3~30t 为中型，30t 以上为大型。

7. 滑触线装置安装（编码：030407）

滑触线装置设置滑触线 1 个项目，根据名称、型号、规格等列项，按设计图示尺寸以单相长度（含预留长度）计算工程量。

8. 电缆安装（编码：030408）

电缆安装共设置电力电缆、控制电缆、电缆保护管、电缆槽盒、铺砂、盖保护板（砖）等 11 个分项。

（1）电力电缆、控制电缆根据名称、型号、规格等列项，按设计图示尺寸以长度（含预留长度及附加长度）计算工程量；

（2）电缆保护管、电缆槽盒根据名称、材质等列项，按设计图示尺寸以长度计算工程量；

（3）铺砂、盖保护板（砖）根据种类、规格等列项，按设计图示尺寸以长度计算工程量；

（4）电缆安装工程量清单编制注意事项：

1）电缆穿刺线夹按电缆头编码列项。

2）电缆井、电缆排管、顶管，应按现行国家标准《市政工程工程量计算规范》GB 50857—2013 相关项目编码列项。

【例题】电缆在室外可以直接埋地敷设，经过农田的电缆埋设深度不应小于（　　　）。

　　A. 0.4m　　　　　　　B. 0.5m　　　　　　　C. 0.8m　　　　　　　D. 1.0m

【答案】D

【解析】电缆在室外直接埋地敷设。埋设深度一般为0.8m（设计有规定者按设计规定深度埋设），经过农田的电缆埋设深度不应小于1m，埋地敷设的电缆必须是铠装并且有防腐保护层，裸钢带铠装电缆不允许埋地敷设。

9. 防雷及接地装置（编码：030409）

防雷及接地装置共设置接地极、接地母线、避雷引下线、均压环、避雷网、避雷针、半导体少长针消雷装置、等电位端子箱、测试板绝缘垫、浪涌保护器、降阻剂等11个分项。

（1）接地极根据名称、材质、规格等列项，按设计图示数量计算工程量；

（2）接地母线、避雷引下线、均压环、避雷网根据名称、材质、规格等列项，按设计图示尺寸以长度（含附加长度）计算工程量；

（3）避雷针根据名称、材质、规格等列项，按设计图示数量计算工程量；

（4）半导体少长针消雷装置根据型号、高度列项，按设计图示数量计算工程量；

（5）等电位端子箱/测试板根据名称、材质、规格列项，按设计图示数量计算工程量；

（6）绝缘垫根据名称、材质、规格列项，按设计图示尺寸以展开面积计算工程量；

（7）浪涌保护器根据名称、规格、安装形式等列项，按设计图示数量计算工程量；

（8）降阻剂根据名称、类型列项，按设计图示以质量计算工程量；

（9）防雷与接地装置工程量清单编制注意事项有：

1）利用桩基础作接地极，应描述桩台下桩的根数，每桩台下需焊接柱筋根数，其工程量按柱引下线计算；利用基础钢筋作接地极按均压环项目编码列项。

2）利用柱筋作引下线的，需描述柱筋焊接根数。

3）利用圈梁筋作均压环的，需描述圈梁筋焊接根数。

4）使用电缆、电线作接地线，应按电缆安装、照明器具安装相关项目编码列项。

10. 10kV以下架空配电线路（编码：030410）

10kV以下架空配电线路共设置电杆组立、横担组装、导线架设、杆上设备4个分项。

（1）电杆组立、横担组装根据名称、材质、规格等列项，按设计图示数量计算工程量；

（2）导线架设根据名称、材质、规格等列项，按设计图示尺寸以单线长度（含预留长度）计算工程量；

（3）杆上设备根据名称、型号、规格等列项，按设计图示数量计算工程量。

11. 配管、配线（编码：030411）

配管、配线共设置配管、线槽、桥架、配线、接线箱、接线盒6个分项。

（1）配管、线槽、桥架根据名称、材质、规格等列项，按设计图示尺寸以长度计算工程量；

（2）配线根据名称、配线形式、型号、规格等列项，按设计图示尺寸以单线长度（含预留长度）计算工程量；

（3）接线箱、接线盒根据名称、材质、规格等列项，按设计图示数量计算工程量；

（4）配管、配线工程量清单编制注意事项有：

1）配管、线槽安装不扣除管路中间的接线箱（盒）、灯头盒、开关盒所占长度。

2）配线保护管遇到下列情况之一时，应增设管路接线盒和拉线盒：①管长度每超过30m，无弯曲；②管长度每超过20m，有1个弯曲；③管长度每超过15m，有2个弯曲；④管长度每超过8m，有3个弯曲。垂直敷设的电线保护管遇到下列情况之一时，应增设固定导线用的拉线盒：①管内导线截面为50mm²及以下，长度每超过30m；②管内导线截面为70~95mm²，长度每超过20m；③管内导线截面为120~240mm²，长度每超过18m。在配管清单项目计量时，设计无要求时上述规定可以作为计量接线盒、拉线盒的依据。

3）配管安装中不包括凿槽、刨沟，应按附属工程项目编码列项。

12. 照明器具安装（编码：030412）

照明器具安装共设置普通灯具、工厂灯、高度标志（障碍）灯、装饰灯、荧光灯、医疗专用灯、高杆灯、桥栏杆灯、地道涵洞灯等11个分项。

（1）普通灯具、工厂灯、高度标志（障碍）灯、装饰灯、荧光灯、医疗专用灯根据名称、型号、规格等列项，按设计图示数量计算工程量；

（2）高杆灯根据名称、灯杆高度、灯架形式等列项，按设计图示数量计算工程量；

（3）桥栏杆灯、地道涵洞灯根据名称、型号、规格等列项，按设计图示数量计算工程量；

（4）照明器具安装工程量清单编制注意事项有：

1）高度标志（障碍）灯包括烟囱标志灯、高塔标志灯、高层建筑屋顶障碍指示灯等。

2）装饰灯包括吊式艺术装饰灯、吸顶式艺术装饰灯、荧光艺术装饰灯、几何型组合艺术装饰灯、标志灯、诱导装饰灯、水下（上）艺术装饰灯、点光源艺术灯、歌舞厅灯具、草坪灯具等。

3）医疗专用灯包括病房指示灯、病房暗脚灯、紫外线杀菌灯、无影灯等。

4）中杆灯是指安装在高度小于或等于19m的灯杆上的照明器具。

5）高杆灯是指安装在高度大于19m的灯杆上的照明器具。

13. 附属工程

附属工程共设置铁构件、凿（压）槽、打洞（孔）、管道包封、人（手）孔砌筑、人（手）孔防水6个分项。

（1）铁构件根据名称、材质、规格列项，按设计图示尺寸以质量计算工程量；

（2）凿（压）槽根据名称、规格、类型等列项，按设计图示尺寸以长度计算工程量；

（3）打洞（孔）根据名称、规格、类型等列项，按设计图示数量计算工程量；

（4）管道包封根据名称、规格、混凝土强度等级列项，按设计图示长度计算工程量；

（5）人（手）孔砌筑根据名称、规格、类型等列项，按设计图示数量计算工程量；

（6）人（手）孔防水根据名称、规格、类型等列项，按设计图示防水面积计算工程量。

14. 电气调整试验（编码：030414）

电气调整试验共设置电力变压器系统、送配电装置系统等15个分项。

（1）电力变压器系统、送配电装置系统根据名称、型号等列项，按设计图示系统以"系统"为计量单位计算工程量；

（2）特殊保护装置、自动投入装置、中央信号装置根据名称、类型列项，按设计图示数量算以"台（套、系统）"为计量单位计算工程量；

（3）事故照明切换装置根据名称、类型等列项，按设计图示系统以"系统"为计量单位计算工程量；

（4）不间断电源根据名称、类型、容量等列项，按设计图示系统以"系统"为计量单位计算工程量；

（5）母线、避雷器、电容器根据名称、电压等级（kV）列项，按设计图示数量计算工程量；

（6）接地装置根据名称、类型列项，按设计图示系统（数量）计算工程量；

（7）电抗器、消弧线圈根据名称、类型列项，按设计图示数量计算工程量；

（8）电除尘器根据名称、型号、规格列项，按设计图示数量计算工程量；

（9）硅整流设备、可控硅整流装置根据名称、类别、电压等列项，按设计图示系统计算工程量；

（10）电缆试验根据名称、电压等级（kV）列项，按设计图示数量计算工程量。

（11）电气调整试验工程量清单编制注意事项有：

1）功率大于 10kW 电动机及发电机的启动调试用的蒸汽、电力和其他动力能源消耗及变压器空载试运转的电力消耗及设备需烘干处理应说明。

2）配合机械设备及其他工艺的单体试车，应按措施项目相关项目编码列项。

3）计算机系统调试应按自动化控制仪表安装工程相关项目编码列项。

2.4.2　电气设备安装工程定额应用

电气设备安装综合单价应根据工程量清单的项目特征、工作内容及施工工艺等要求由投标人自主报价。目前大多数建筑企业没有自己的企业定额，因此在自主报价时往往参考计价定额，同时根据企业自身情况及项目的实际情况予以调整。

《2012 电气设备安装工程预算定额》包括变压器、配电装置、母线、控制设备及低压电气、蓄电池、电机检查接线及调试、滑触线装置、电缆、防雷及接地装置、10kV以下架空配电线路、配管配线、照明灯具、附属工程、电气调整试验、措施项目费用和附录等共十五章 1755 个子目。

10kV 以下架空配电线路工程中的钢管杆基础和灯具安装工程中的组立铁杆基础，执行《2012 土建工程预算定额》相应项目。附属工程排管敷设定额未包括的土方、砌筑、混凝土、模板、钢筋等项目，执行《2012 市政工程预算定额》相应项目。

操作高度除另有规定者外，均按 5m 以下编制；当操作高度超过 5m 时，其超过部分的人工工日乘以下列系数：高度超过 5m 时，其超过部分的人工工日乘以下列系数（表 2-15）。

		高度超 5m 时超高系数		表 2-15	
操作高度	8m 以内	12m 以内	16m 以内	20m 以内	30m 以内
超高系数	1.10	1.15	1.20	1.25	1.60

工效按建筑物檐高 25m 以下编制，超过 25m 的高层建筑，按第十五章措施项目费用规定计算高层建筑增加费。建筑物檐高以室外设计地坪标高作为计算起点：

（1）平屋顶带挑檐者，算至挑檐板下皮标高；

（2）平屋顶带女儿墙者，算至屋顶结构板上皮标高；

（3）坡屋面或其他曲面屋顶均算至墙的中心线与屋面板交点的高度；

（4）阶梯式建筑物按高层的建筑物计算檐高；

（5）突出屋面的水箱间、电梯间、亭台楼阁等均不计算檐高。

1. 变压器安装

变压器安装分为油浸电力变压器，干式变压器，网门、保护网，绝缘垫，变压器保护罩安装等 5 节共 20 个子目。

消弧线圈、油浸电抗器、整流变压器、自耦变压器、带负荷调压变压器的安装，执行油浸电力变压器安装相应子目；非晶变压器执行油浸电力变压器相应定额子目，定额人工、机械乘以系数 0.7。

设备中需注入或补充注入的绝缘油，应视作设备的一部分。

（1）工程量计算规则

1）油浸变压器安装、干式变压器安装、变压器保护罩安装按设计图示数量单位计算。

2）网门、保护网、绝缘垫的安装按设计图示尺寸以面积计算。

3）变压器保护罩的安装按设计图示数量计算。

（2）计价注意事项

1）高压成套配电柜的安装，定额是按单母线柜编制，如果为双母线柜时相应定额乘以系数 1.15。

2）变压器安装均未包括支架的制作安装，需要时执行附属工程支架制作安装相应子目。

3）变压器安装适用于落地式安装，杆上安装的变压器执行 10kV 及以下架空配电线路相应子目。

2. 配电装置安装

配电装置安装包括互感器、高压熔断器、避雷器、高压成套配电柜、组合式成套箱式变电站、成套箱式开闭器等 6 节共 26 个子目。

工作内容中的"接线"系指一次部分（不包括焊压铜、铝接线端子）。

高压成套配电柜柜间母线安装，定额是按随设备成套配置编制的。

组合型成套箱式变电站容量超过 2000kVA，按解体安装分别执行相应定额子目。

（1）工程量计算规则

1）互感器的安装按设计图示数量计算。

2）高压熔断器、避雷器的安装按设计图示数量计算，高压熔断器三相为一组。

3）高压成套配电柜的安装按设计图示数量计算。

4）组合形成套箱式变电站的安装按设计图示数量计算，一个集装箱体为一台。

5）成套箱式开闭器安装按设计图示数量计算。

（2）计价注意事项

1）高压成套配电柜的安装，定额是按单母线柜编制，如果为双母线柜时，相应定额乘以系数 1.15。

2）高压设备安装定额内均不包括绝缘台的安装，其工程量应按施工图设计执行相应项目。

3）配电设备安装的支架、抱箍及延长轴、轴套、间隔板等，按施工图设计的需要量进行计算，执行计价定额中铁构件制作安装项目或成品价。

4）设备配合电气系统的交接试验和设备本体安装调试已包含在设备本体安装定额中。设备的模拟试运行、带电试运行、负荷试运行及系统的交接试验等本体试验和系统调试按《安装工程量计算规范 2013》"附录 D.14 电气调整试验"另列项计量计价。

3. 母线安装

母线安装包括带形母线，共箱母线，低压封闭式插接母线槽，始端箱、分线箱等 4 节共 47 个子目。

伸缩接头（软连接）定额按成品编制。

（1）工程量计算规则

1）带形母线按设计图示尺寸以单相长度（含预留长度）计算。

2）共箱母线、低压封闭式插接母线槽按设计图示尺寸以中心线长度计算。

3）始端箱、分线箱按设计图示数量计算。

硬母线配置安装预留长度表见表 2-16。

硬母线配置安装预留长度表　　　　　　　　　　　表 2-16

序号	项目	预留长度（m/根）	说明
1	带形、槽形母线终端	0.3	从最后一个支持点算起
2	带形、槽形母线与分支线连接	0.5	分支线预留
3	带形母线与设备连接	0.5	从设备端子接口算起
4	多片重型母线与设备连接	1	从设备端子接口算起
5	槽形母线与设备连接	0.5	从设备端子接口算起

（2）计价的注意事项

1）带形钢母线、带形铝母线安装按截面执行铜母线安装相应定额。

2）共箱母线的支架定额是按成品编制的，采用非成品金属支架，应执行金属支架制作相应子目。

3）低压封闭式插接母线槽的支架定额是按成品编制的，采用非成品金属支架，应执行金属支架制作相应子目。

4）始端箱、分线箱属于设备单独计列设备费。

4.控制设备及低压电器安装

控制设备及低压电器安装包括：控制屏，继电、信号屏，模拟屏，低压开关柜（屏），弱电控制返回屏，硅整流柜，可控硅柜，低压电容器柜，自动调节励磁屏，励磁灭磁屏，蓄电池屏（柜），直流馈电屏，事故照明切换屏，控制台，控制箱，配电箱，插座箱，控制开关，低压熔断器，限位开关，控制器，接触器，磁力启动器，减压启动器，电磁铁（电磁制动器），快速自动开关，电阻器，油浸频敏变阻器，分流器，小电器，端子箱，风扇，照明用开关，插座，其他电器，盘柜配线，木套箱，焊压铜接线端子，阀类接线、风机盘管接线等共40节178个子目。

配电箱安装工作内容中已包含盘芯拆装费用。

户表箱按回路执行配电箱相应子目。

端子箱安装已包含端子板安装。

感应器面板随卫生洁具自带。

木套箱制作、安装子目，只适用于暗装配电箱预留洞。

阀类接线适用于水流指示器、电磁阀、电动阀、防火阀、报警阀、卫生间排风扇等接线。

（1）工程量计算规则

1）控制设备及低压电器安装按设计图示数量计算。

2）配电箱、柜不分动力和照明，区别回路和安装方式，按设计图示数量计算。

3）低压熔断器区别电流大小按设计图示数量计算。

（2）计价定额的注意事项

1）控制设备及低压电器安装，定额中均不包括金属支架及基础槽钢制作安装的工作内容，需另行计算，执行附属工程相应子目。

2）设计图纸中配电箱回路数超过定额设置的回路数时，应编制补充定额。

3）控制设备及低压电器定额基价中均不包括其本身价值，编制预算时应按照括号内含量计入相应价格。

4）低压开关柜（屏）安装适用于变配电室、配电小间及机房成排安装的低压配电柜，成排配电柜是指一次电源为母线连通供电的低压配电柜。定额中已包含柜（屏）内支母线、主母线的安装、连接费用。

5）硅整流设备安装，不包括附带的控制箱、电源箱和设备以外配件的安装。硒整流设备安装，执行硅整流设备相应定额子目。

6）凡执行配电箱安装的定额子目不得再执行配电箱箱体安装子目。

7）盘柜配线定额只适用于组装柜及成套配电箱、盘、屏、柜内新增元器件的一、二次配线。凡引进、引出成套配电箱、盘、屏、柜的控制线、电源线均不得执行盘柜配线定额。

8）控制设备及低压电器安装，定额中不包括金属支架制作、安装，需要时执行附属工程相应定额子目。

9）凡在配电屏、箱、盘、柜上单独安装的电流表、电压表、功率表、电度表执行测量表计定额子目。

5. 蓄电池安装

蓄电池安装包括：蓄电池、太阳能电池2节共12个子目。

（1）工程量计算规则

1）蓄电池安装按设计图示数量计算。

2）蓄电池充放电区别容量按设计图示数量计算。

3）太阳能电池方阵铁架安装，区别安装部位按设计图示面积计算。

4）太阳能板安装按设计图示数量计算。

（2）定额应用注意事项

1）蓄电池电极连接条、紧固螺栓和绝缘垫定额按设备自带编制。

2）蓄电池的支架定额是按成品编制的，采用非成品金属支架，应执行金属支架制作相应子目，支架的安装本定额已含。

3）未包括蓄电池抽头连接用电缆及电缆保护管的安装。

4）蓄电池充放电定额中未包括用电费用。

5）蓄电池组充放电定额按两充一放考虑。

6）太阳能电池安装仅包括太阳能电池板及支架的安装，未包括基础底座、预埋件及防雷接地的内容，需要时执行相应定额子目。

7）方阵铁架安装在屋顶按平面考虑，墙面按立面考虑。

8）太阳能板的汇流线敷设及连接已含在太阳能板的安装定额内，不得重复执行电缆安装定额。

6. 电机检查接线及调试

电机检查接线及调试包括：低压交流异步电动机，高压交流异步电动机，交流变频调速电动机，电加热器，电机干燥等5节共27个子目。

电动机检查接线，未包括焊压铜接线端子，应另行计算。

高压交流异步电动机检查接线、交流变频调速电动机检查接线执行低压交流异步电动机检查接线相应定额子目。

电动机调试定额已包括控制箱调试工作内容，调试对象除另有规定外，均为安装就绪并符合国家施工及验收规范要求的电气装置。

实验仪表及试验装置的转移费用未包括在定额内。

不包括电动机抽芯检查以及由于设备元件缺陷造成的更换、修理和修改。

（1）工程量计算规则

电机检查接线及调试，按设计图示数量计算，按单台电机分别执行相应定额子目。

（2）定额应用注意事项

1）在定额使用过程中，如果遇到双速电动机，则应按高、低转速时的图示功率分别计算工程量。

2）对于有多台电动机的设备进行检查接线，应按设计图示数量计算，按单台电机分别执行相应定额子目。

7. 滑触线装置安装

滑触线装置安装包括：轻轨滑触线，安全节能型滑触线，角钢、扁钢滑触线，圆钢、工字钢滑触线，移动软电缆，辅助母线，滑触线支架，滑触线拉紧装置及挂式支持器安装等8节共43个子目。

（1）工程量计算规则

1）轻型滑触线、安全节能型滑触线、角钢扁钢滑触线、圆钢工字钢滑触线区别材质及规格按设计图示尺寸以单相长度计算。滑触线安装预留长度所增加工程量按附表执行。

2）移动软电缆沿钢索敷设，按电缆单根长度以根计算；沿轨道敷设，区别电缆截面以长度计算。

3）辅助母线安装区别母线截面以单相长度计算。

4）滑触线支架安装区别固定方式以付计算。

5）指示灯安装以套计算。

6）拉紧装置安装以套计算。

7）滑触线支持器安装区别座式和挂式以套计算。

滑触线安装预留长度见表2-17。

滑触线安装预留长度 表2-17

序号	项目	预留长度（m/根）	说明
1	圆钢、铜母线与设备连接	0.2	从设备接线端子接口算起
2	圆钢、铜滑触线终端	0.5	从最后一个固定点算起
3	角钢滑触线终端	1	从最后一个支持点算起
4	扁钢滑触线终端	1.3	从最后一个固定点算起

续表

序号	项目	预留长度（m/ 根）	说明
5	扁钢母线分支	0.5	分支线预留
6	扁钢母线与设备连接	0.5	从设备接线端子接口算起
7	轻轨滑触线终端	0.8	从最后一个支持点算起
8	安全节能及其他滑触线终端	0.5	从最后一个固定点算起

（2）定额应用注意事项

1）滑触线支架安装定额是按成品编制的，定额中未包括基础及螺栓孔。

2）滑触线及支架的油漆定额是按涂一遍编制的。

3）滑触线及支架安装高度，定额是按 10m 以下编制的，若实际安装高度超过此高度时，其超过部分的人工工日乘以系数 1.2。

4）安全节能型滑触线安装，若为三相组合成一根的滑触线时，按单相滑触线定额乘以系数 2.0。定额中未包括滑触线的导轨、支架、集电器及附件等装置性材料。

5）软电缆敷设未包括钢轮制作及轨道安装。

8. 电缆

电缆包括：电力电缆、控制电缆、电缆保护管、电缆沟铺砂盖保护板（砖）及移动盖板、电力电缆头、控制电缆头、防火堵洞、防火隔板、防火涂料、电缆分支箱、电缆沟挖填土等 11 节共 403 个子目。

定额未包括：隔热层、保护层的制作、安装；电缆敷设项目中的支架制作、安装；用于防火堵洞的防火泥、防火枕。

（1）工程量计算规则

1）电缆敷设按设计图示尺寸以长度计算（含预留长度及附加长度）。

2）预制分支电缆敷设区别主电缆截面按主电缆设计图示尺寸以长度计算。

3）电缆保护管敷设适用于局部电缆保护，区别材质按设计图示长度或数量计算。

4）密封式电缆保护管区别管径按设计图示数量以根计算。

5）电缆沟铺砂盖砖、盖板按设计图示尺寸以长度（沟长）计算。

6）电力电缆头、控制电缆头按设计图示数量计算。

7）电缆 T 接端子区别电缆截面按设计图示数量计算。

8）防火堵洞、电缆分支箱按设计图示数量计算。

9）防火隔板安装按设计图示尺寸以面积计算。

10）防火涂料按设计图示尺寸以质量计算。

11）直埋电缆挖、填土方，除有特殊要求外，按表 2-18 计算土方量。

直埋电缆挖、填土方土方量计算表　　　　　　表 2-18

项目	电缆报数			
	低压	高压	低压	高压
	1～2 根	1 根	每增 1～2 根	每增 1 根
每米沟长挖方量（m³）	0.45	0.45	0.225	0.225

注：1. 两根以内的电缆沟，系按上口宽度 600mm，下口宽度 400mm，深度 900mm 计算的常规土方量；

2. 每增加一根电缆，其宽度增加 250mm；

3. 以上土方量系按埋深从自然地坪起算，设计埋深超过 900mm 时，多挖的土方量应另行计算。

电缆敷设的附加长度表见表 2-19。

电缆敷设的附加长度表　　　　　　表 2-19

序号	项目	预留长度（附加）	说明
1	电缆敷设驰度、波形弯度、交叉	2.50%	按电缆全长计算
2	电缆进入建筑物	2.0m	规范规定最小值
3	电缆进入沟内或吊架时引上（下）预留	1.5m	规范规定最小值
4	变电所进线、出线	1.5m	规范规定最小值
5	电力电缆终端头	1.5m	检修余量最小值
6	电缆中间接头盒	两端各留 2.0m	检修余量最小值
7	各种箱、柜、盘、板	高 + 宽	按盘面尺寸
8	电缆至电动机	0.5m	从电机接线盒起算
9	厂用变压器	3.0m	从地坪起算
10	电缆绕过梁柱等增加长度	按实计算	按被绕物的断面情况计算增加长度
11	电梯电缆与电缆架固定点	每处 0.5m	规范最小值

每根电缆长度从总箱、设备或柜起沿电缆敷设线路，沿电缆敷设路径到另一端为止。电缆曲折弯余、弛度系数取 2.5%；

电缆工程量计算公式为：

$$L=（L_1+L_2+L_3+L_4+L_5+L_6+L_7）×（1+2.5\%）\qquad（2\text{-}1）$$

式中　L_1——水平长度；

L_2——垂直及斜长度；

L_3——余留（弛度）长度；

L_4——穿墙基及进入建筑物长；

L_5——沿电杆、墙引上、下长度；

L_6——电缆终端头长度；

L_7——电缆中间接头长度。

电缆长度平、剖面示意图如图 2-12 所示。

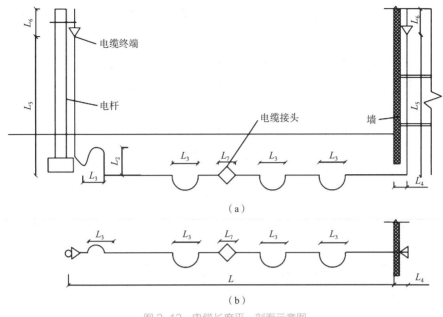

图 2-12　电缆长度平、剖面示意图
（a）剖面图；（b）平面图

（2）定额应用注意事项

1）电缆敷设定额，是按平原地区和厂内电缆工程的施工条件编制的，不适用在积水区、水底、井下等特殊条件下的电缆敷设。

2）电缆在一般山地、丘陵地区敷设时，其定额人工工日乘以系数 1.3。该地段所需的施工材料，如固定桩、夹具等按实计算。

3）电缆敷设定额，未包括因弛度增加长度、电缆绕梁（柱）增加长度以及电缆与设备连接、电缆接头等必要的预留长度，其增加工程量按附表执行。

4）电力电缆敷设定额均按三芯（包括三芯连地）编制的，五芯电力电缆敷设定额乘以系数 1.3，六芯电力电缆乘以系数 1.6，每增加一芯定额增加 30%，单芯电力电缆敷设按同等截面电缆定额乘以系数 0.67。

5）电缆敷设系综合定额，凡 10kV 以下的电力电缆和控制电缆（除矿物绝缘电缆和预分支电缆外）均不分结构形式和型号，区别敷设方式、电缆截面和芯数执行相应定额子目；预制分支电缆敷设定额不包括分支电缆头的制作安装，应按设计图示数量另行计算；预制分支电缆敷设，每个分支的电缆长度定额是按 10m 以内编制的，若实际长度大于 10m，超出部分安装费用另行计算；预制分支电缆吊具安装费用含在预制分支电缆敷设子目中。

6）绝缘穿刺线夹执行 T 接端子相应定额子目。

7）竖直通道电缆敷设时，执行相应定额子目，但人工工日乘以系数 3.0，预制分支电缆敷设定额已按竖直通道电缆敷设考虑，人工不再乘以系数。

8）电缆沟铺砂盖砖、铺砂盖板，高压电缆一根以上时执行每增加一根定额子目。

9. 防雷及接地装置

防雷及接地装置包括：接地极，接地母线，避雷引下线，均压环，避雷网，避雷针，半导体少长针消雷装置，等电位端子箱、测试板，浪涌保护器，等电位联接等 10 节共 96 个子目。

定额适用于建筑物、构筑物的防雷接地，变配电系统接地和车间接地，设备接地以及避雷针的接地装置。

均压环焊接是以建筑物内钢筋作为接地引线编制的，如果采用型钢作接地引线时，应执行接地母线敷设子目。

铜母带敷设（无焊接）适用于放热焊的铜母线敷设；普通焊接方式执行铜母带敷设子目。

避雷引下线若采用型钢暗敷设时，执行接地母线暗敷设子目。

（1）工程量计算规则

1）接地极区别不同材质、规格按设计图示数量或面积计算。

2）接地母线、避雷引下线、均压环、避雷网按设计图示尺寸以长度计算。

3）断接卡子按设计图示数量计算。

4）钢窗、铝合金窗、玻璃幕墙跨接地线、避雷针、半导体少长针消雷装置、等电位端子箱、接地测试板制作安装、浪涌保护器、按设计图示数量计算。

5）等电位联接区别部位按设计图示数量计算。

（2）定额应用注意事项

1）明装避雷引下线均已包括了打墙眼和支持卡子的安装。

2）已包括高空作业工时，不得另行计算。

3）接地电阻测试用的断接卡子制作安装，均已包括一个接线箱，不得另行计算。

4）接地母线、引下线、避雷网的搭接长度，分别综合在有关定额子目中，不得另行计算。引下线定额是按每根柱内焊接两根钢筋编制的，若设计要求焊接 4 根钢筋时，定额应乘以系数 2.0。

5）接地装置挖填土执行电缆沟挖填土相应子目。计算方法：沟长每 1m 为 0.45m³ 土方量（上口宽 500mm，下口宽 400mm，深度 1000mm）。

6）利用底板钢筋做接地极定额是按单层焊接编制的，如设计要求焊接双层时，定额应乘以系数 2.0，工程量仍按单层的面积计算。

7）接地装置安装，定额中不包括接地电阻率高的土质换土和化学处理的土壤及由此发生的接地电阻测试等费用。另外，定额中也未包括铺设沥青绝缘层，如需铺设，可另行计算。

10. 10kV 以下架空配电线路

10kV 以下架空配电线路包括：电杆组立、横担组装、导线架设、杆上变配电设备和带电作业等 5 节共 144 个子目。

（1）工程量计算规则

1）电杆组立、横担组装按设计图示数量计算。

2）导线架设按设计图示尺寸以单线长度计算（含预留长度）。

3）杆上设备安装按设计图示数量计算。

4）带电作业区别施工情况按业主要求计算。

架空导线预留长度表见表 2-20。

架空导线预留长度表　　　　　　　　　　　　　　表 2-20

名称		长度（m/根）
高压	转角	2.5
	分支、分段	2
低压	分支、终端	0.5
	交叉、转角、跳线	1.5
与设备连线		0.5
进户线		2.5

（2）定额应用注意事项

1）定额是以"平原地带"施工编制的。如在丘陵、山地、泥沼地带施工时，其人工和机械应按表 2-21 地形增加系数调整。

地形增加系数　　　　　　　　　　　　　　　　　表 2-21

地形类别	丘陵地带	一般山地、泥沼地带	备注
增加系数（%）	1.15	1.60	人工和机械

其中各种地形的定义：

平原地带——指地形比较平坦、地面比较干燥的地带。

丘陵地带——指地形起伏的矮岗、土丘（在 1km 以内地形起伏相对高差在 30~50m 范围以内的地带）。

一般山地——指一般山岭、沟谷（在 250m 以内地形起伏相对高差在 30~50m 范围以内的地带）。

泥沼地带——指有水的庄稼田或泥水淤积的地带。

编制工程预算时，工程地形（路径地形）按全线的不同地形划分为若干区段，分别以其工程量所占长度的百分比进行计算。

2）杆坑土方量计算见表 2-22、表 2-23。

安装底盘、卡盘的土方量（含放坡计算）　　　　表 2-22

杆高（m）	10	12	15	18
坑深（m）	1.7	1.9	2.3	2.5
底盘规格（m）	0.8×0.8		1.0×1.0	
灰杆土方量（m³）	3.82	4.47	8.58	12.03

不安装底盘、卡盘的土方量（含放坡计算）　　　　表 2-23

杆高（m）	10	12	15	18
坑深（m）	1.7	1.9	2.3	2.5
灰杆土方量（m³）	2.06	2.46	5.47	6.48

注：土方放坡系数：开挖深度 ≤ 2m 时按 1：0.17 编制的，开挖深度 ≤ 3m 时按 1：0.3 编制的。安装底盘、卡盘的电杆基坑施工操作裕度定额是按基础底宽每边增加 0.2m 编制的。

3）线路一次施工的工程量，定额是按 5 根以上电杆编制的，若实际工程量在 5 根以下者，人工工日、机械台班用量乘以 1.3 系数（不含变压器及台架制作安装）。

4）立电杆、立撑杆项目，定额不分机械、半机械还是人工组立，均执行同一定额。

11. 配管、配线

配管、配线包括：配管，线槽，桥架，配线，接线箱、接线盒，防水弯头，钢索架设及拉紧装置制作安装，人防预留过墙管、管路保护及刷防火涂料等 9 节共 378 个子目。

（1）工程量计算规则

1）配管按设计图示尺寸以长度计算。不扣除管路中间接线盒、灯头盒、开关盒、插座盒、接线箱所占长度。

2）线槽、桥架按设计图示尺寸以长度计算。不扣除弯头、三通所占长度。

3）配线按设计图示尺寸以单线长度计算（含预留长度）。连接设备导线（盘、箱、柜的外部进出线）预留长度，所增加的工程量按表 2-24 执行。

4）接线箱、盒按设计图示数量计算

①设计无要求时，配线保护管遇到下列情况之一，应增设管路保护盒和拉线盒：管长度每超过 30m，无弯曲；管长度每超过 20m，有 1 个弯曲；管长度每超过 15m，有 2 个弯曲；管长度每超过 8m，有 3 个弯曲。

②垂直敷设的电线保护管遇到下列情况之一，应增设固定导线用的拉线盒：管内导线截面为 50mm² 及以下，长度每超过 30m；管内导线截面为 70~95mm²，长度每超过 20m；管内导线截面为 120~240mm²，长度每超过 18m。

5）防水弯头区别规格按数量计算。

6）钢索架设按设计图示长度计算，不扣除拉紧装置所占长度。

7）人防预留过墙管、人防过墙密闭套管及穿混凝土墙、梁套管安装，区别管径按设计图示数量计算。

盘、箱、柜的外部进出线预留长度　　　　　　　　　　　表 2-24

序号	项目	预留长度（m/根）	说明
1	各种箱、柜、盘、板	高 + 宽	盘面尺寸
2	单独安装（无箱、盘）的启动器、母线槽进出线盒等	0.3	从安装对象中心算起
3	由地平管子出口引至动力接线箱	1	以管口计算
4	电源与管内导线连接（管内穿线与软、硬母线连接）	1.5	以管口计算
5	出户线	1.5	以管口计算

配线进入箱、柜、板的预留长度示意图如图 2-13 所示。

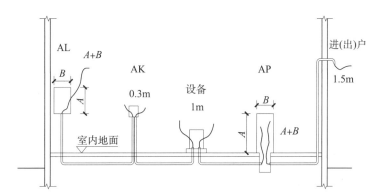

图 2-13　配线与柜、箱、设备等相连预留长度示意图

配管、配线工程量 $=L_{水平}+L_{垂直}$

①配管、配线垂直方向工程量计算（$L_{水平}$）

水平方向敷设的配管、配线应以施工平面图的管线走向、敷设部位和设备安装位置的中心点为依据，并借用平面图上所标墙、柱轴线尺寸进行线管长度的计算，若没有轴线尺寸可利用时，则应运用比例尺或直尺直接在平面图上量取线管长度。

②配管、配线垂直方向工程量计算（$L_{垂直}$）

垂直方向的线管敷设（沿墙、柱引上或引下），其配管长度一般应根据楼层高度和箱、柜、盘、板、开关、插座等的安装高度进行计算，如图 2-14 所示。

（2）定额应用注意事项

1）除车间带形母线安装已包括高空作业工时外，其他项目安装高度均按 5m 以下编制的；若实际安装高度超过 5m 时，按措施项目费用有关规定执行。

2）焊接钢管敷设，定额中已包括了管路的内外刷漆，不得另行计算。但不包括刷

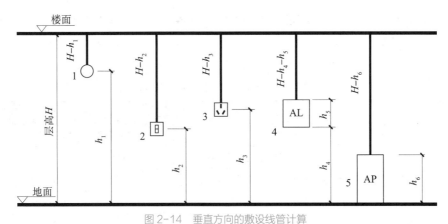

图 2-14　垂直方向的敷设线管计算

1—拉线开关；2—板式开关；3—插座；4—墙上配电箱；5—落地配电柜

防火漆、防火涂料；需要时应另行计算；钢管埋设只包括管内刷漆，管外防腐保护应另行计算，执行其他专业相应定额子目。

3）配管工程均未包括接线箱、盒、支架制作安装、钢索架设及拉紧装置制作安装、管路保护等，应另行计算。

4）配管安装中不包括凿槽、刨沟的工作内容，发生时执行附属工程相应定额子目。

5）钢管埋设的挖填土方，执行电缆沟挖填土相应子目。

6）紧定（扣压）式薄壁钢管敷设定额预算单价中不包括其本身价值，应按市场价格计入预算。其他材质的管路敷设定额预算单价中均包括管路本身价值。

7）钢制桥架主结构设计厚度大于 3mm 时，定额人工工日、机械台班用量均乘以系数 1.2。

8）不锈钢桥架执行钢制桥架安装相应子目，定额乘以系数 1.1。

9）照明线路导线规格最大为 4mm²，超过 4mm² 的导线敷设执行动力线路敷设相应定额子目。

12. 照明灯具安装

照明灯具安装包括：普通灯具、工厂灯、高度标志（障碍）灯、装饰灯、荧光灯、医用专用灯、一般路灯、中杆灯、高杆灯、桥栏杆灯、地道涵洞灯、组立铁杆、路灯控制箱及控制设备、灯具附件安装等 14 节共 294 个子目。

（1）工程量计算规则

照明灯具安装按设计图示数量计算。

（2）定额应用注意事项

1）室内照明灯具的安装高度，投光灯、碘钨灯和混光灯、地道涵洞灯定额是按 10m 以下编制的，其他照明器具安装高度均是按 5m 以下编制的，超过此高度时，按措施项目有关规定执行。

2）已经包括对线路及灯具的一般绝缘测量和灯具试亮等工作内容，不得另行计算。

3）民用照明通电试运行定额子目是按连续试运行 8 小时编制，对于公共建筑项目的照明通电试运行，应在本定额基础上乘 3。合同有其他通电试运行时间约定的，应做相应换算。

4）中杆灯是指安装在高度 ≤ 19m 的灯杆上的照明灯具；高杆灯是指安装在高度 > 19m 的灯杆上的照明灯具。中杆灯、高杆灯安装，未包括杆内电缆敷设。

13. 附属工程

附属工程包括：铁构件，凿槽，打洞（孔），人（手）孔砌筑等 5 节共 41 个子目。

（1）工程量计算规则

1）铁构件按设计图示尺寸以质量计算。

2）凿槽按设计图示尺寸以长度计算。

3）打洞（孔）按设计图示数量计算。

4）排管敷设按设计图示长度计算，以单根管长度计算，扣除井室内壁之间的长度。

5）检查井按设计图示数量计算。

6）井筒按设计图示高度计算。

（2）定额应用注意事项

1）凿槽、凿洞定额已包括堵眼、补槽工作内容。

2）检查井按井型及井型净尺寸划分，未包括井筒、土方、模板工程。转角井执行直线井定额子目，其他井型执行市政册相应的定额子目。

14. 电气调整试验

电气调整试验包括：电力变压器系统，送配电装置，自动投入装置，中央信号装置、事故照明切换装置、不间断电源，母线、避雷器、接地装置，电缆、绝缘子、穿墙套管，组合式成套箱式变电站调试、民用照明通电试运行等 13 节共 46 个子目。

（1）工程量计算规则

1）电力变压器系统、送配电装置系统、事故照明切换装置、不间断电源调试按设计图示数量计算。

2）自动投入装置、中央信号装置按设计图示数量计算。

3）母线调试按设计图示数量计算。

4）避雷器试验按设计图示数量计算。

5）接地电阻试验按设计图示数量计算。一处接地断接卡子为一组。

6）电缆试验按设计图示数量计算。

7）10kV 绝缘子、穿墙套管试验按设计图示数量计算。

8）组合式成套箱式变电站调试按设计图示数量计算。

9）民用照明通电试运行按设计图示建筑面积计算。

（2）定额应用注意事项

1）民用照明通电试运行定额是按 8 小时编制的。

2）电力变压器单体试验调整

如带有载调压装置，定额应乘以系数 1.12。

未包括变压器吊芯试验，未包括特殊保护装置的调试，未包括瓦斯继电器及温度继电器试验。

3）在同一地点测试多条电缆，每增一条时定额乘以 0.6 系数。

4）组合式成套箱式变电站中含两台变压器时，工程量按两座计算。

【例题】某工程局部照明如图 2-15、图 2-16 所示，例题图例见表 2-25，计算此照明配电平面图中的配管配线工程的工程量。

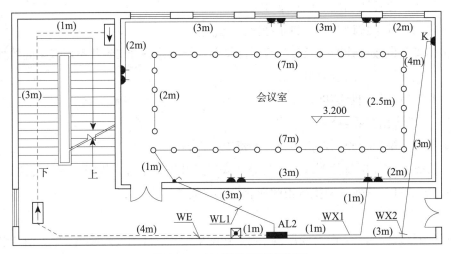

图 2-15　某工程局部照明平面图

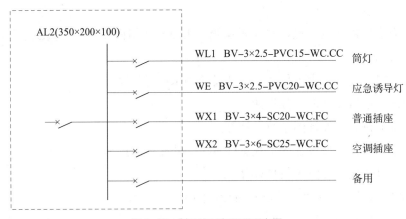

图 2-16　某工程局部照明配电图

例题图例   表 2-25

▭	AL2 照明配电箱，350mm×200mm×100mm（宽×深×高），暗装，下沿距地 1.5m
⌒⌒	单相二、三孔暗装插座，15A，距地 0.3m
K◖	三孔暗装空调插座 30A，距地 2.7m
▣	应急照明灯，32W，距地 2.5m
→▭	诱导应急标志灯，15W，走廊内管吊距地 2.8m，其他安装距地 0.5m
○	筒灯，φ150，12W，嵌装，距地 3.0m
◖	单联板式安装开关，10A，距地 1.3m

（1）配管为刚性阻燃管，除插座导管埋深 0.3m 外，其他部位导管不计埋深，进出配电箱关口长度不计；
（2）会议室吊顶高度距地 3m；
（3）水平配管长度在图中以（　　　）内数字注明，其余按设计计算

【解析】工程量计算如下：

WL1：PVC15（3+1+7+2.5+7+2）（筒灯水平）+（3.2-1.5-0.2）（AL 垂直）+（3.2-1.3）×2（开关垂直）=27.8（m）

BV2.5：27.8×3+（0.35+0.2）×3=85.05（m）

DN15 墙体剔槽：（3.2-1.5）+（3.2-1.3）×2=5.5（m）

接线盒：32 个

开关盒：1 个

WL2：PVC20（1+4+3+1）（水平）+（3.2-1.5-0.2）（AL 垂直）+（3.2-2.5）×2（应急灯垂直）+（3.2+1.6-0.5）（楼梯应急灯垂直）=16.2（m）

BV2.5：16.2×3+（0.35+0.2）×3=50.25（m）

DN20 墙体剔槽：（3.2-1.5）+（3.2-2.5）×2+（3.2+1.6-0.5）=7.4（m）

接线盒：3 个

W×1：SC20（1+1+3+2+3+2+3+3+2）（水平）+（1.5+0.3）（AL 垂直）+（0.3+0.3）×9（插座垂直）=27.2（m）

DN20 墙体剔槽：1.5+0.3×9=4.2（m）

BV4：27.2×3+（0.35+0.2）×3=83.25（m）

插座盒：5 个

W×2：SC25（3+4）（水平）+（1.5+0.3）（AL 垂直）+（2+0.3）（插座垂直）=11.1（m）

DN25 墙体剔槽：1.5+2=3.5（m）

BV6：11.1×3+（0.35+0.2）×3=34.95（m）

插座盒：1 个

例题工程量合计表见表 2-26。

例题工程量合计表   表 2-26

序号	项目名称	计量单位	工程量
1	接线盒暗装	个	32+3=35
2	开关盒暗装	个	1+5+1=7
3	墙体别槽配管 DN15 内	m	5.5
	墙体别槽配管 DN20 内	m	7.4+4.2=11.6
	墙体剔槽配管 DN20 内	m	3.5
4	砖、混凝土结构暗配钢管 DN20 内	m	27.2
5	砖、混凝土结构暗配钢管 DN25 内	m	11.1
6	刚性阻燃管砖混暗配 PVC15	m	27.8
7	刚性阻燃管砖混暗配 PVC20	m	16.2
8	照明管内穿线 BV2.5mm	m	85.05+50.25=135.3
9	照明管内穿线 ZR-BV4 mm	m	83.25
10	照明管内穿线 BV6mm	m	34.95

【例题】某工程现浇混凝土结构，层高 3m，焊接钢管暗敷设（SC15），管内穿 BV-2.5mm^2 塑料铜线，插座支路沿地面内敷设（FC），照明支路沿顶板内敷设（CC），暗装配电箱 400mm×600mm×160mm，距地 1.4m 安装，开关距地 1.4m 暗装，三孔插座距地 0.3m 暗装，带开关插座距地 1.6m 暗装，如图 2-17 所示（图中所标尺寸为水平尺寸）。

计算管、线、盒的工程量并执行定额。

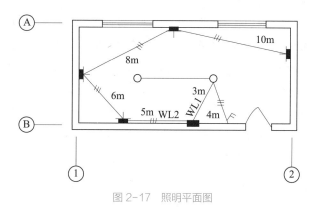

图 2-17　照明平面图

【解析】

WL1 支路：焊接钢管暗配 SC15=1+3+5+4+1.6=14.60（m）

管内穿照明线 BV2.5=（1+3+5）×2+（4+1.6）×3+1×2=36.80（m）

WL2 支路：焊接钢管暗配 SC15=5+6+8+10+1.4+0.3×4+1.6×3=36.40（m）

管内穿照明线 BV2.5=36.4×3+1×3=112.20（m）

合计：11-34 焊接钢管暗配 SC15=14.6+36.4=51（m）

11-255 管内穿照明线 BV2.5=36.8+112.2=149（m）

11-335 灯头盒在混凝土楼板上安装 2 个

11-330 开关盒在混凝土墙上安装 5 个

4-167 木套箱制作安装 1 个

【例题】某配电室照明系统如图 2-18 和图 2-19 所示，建筑面积 90m^2，工程为现浇剪力墙结构，层高 4m，所用图例见表 2-27。

照明系统电源由室外埋地引入配电箱。配电箱挂墙明装，其接线箱均按半周长 300mm 安装设计，进户管不考虑。

照明支路管沿墙内、楼板内敷设，插座支路管沿墙内、地面内敷设；照明配管采

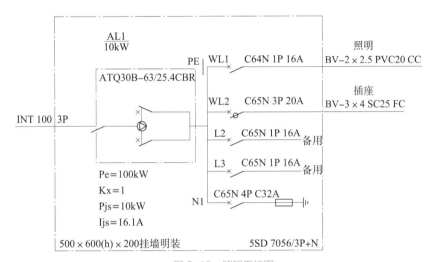

图 2-18　照明系统图

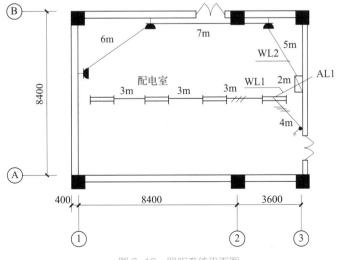

图 2-19　照明系统平面图

用 PVC 阻燃塑料管，插座配管采用焊接钢管敷设；导线全部穿管敷设。

图示括号内数字为水平长度（含未标注长度）。

要求：依据《安装工程量计算规范 2013》和图纸，计算工程量（保留小数点后两位）。

图例说明   表 2-27

图例	设备名称	规格与型号	安装高度
▭	配电箱	详见平面图	1.4m 明装
▭	双管荧光灯	2×36W	链吊 2.8m
✎	暗装双联翘板开关	250V，10A	1.4m 暗装
▼	暗装单相二、三孔插座	250V，10A	0.3m 暗装

【解析】完成本工程项目答题的步骤为：

1）（WL1）PVC 阻燃塑料管暗配 PVC20：工程量 =2+3×3+4+4-1.4-0.6+4-1.4=19.6（m）

2）管内穿照明线 2.5mm^2：工程量 =（19.6+0.5+0.6）×2+3+4+4-1.4=51（m）

3）（WL2）焊接钢管砖、混凝土暗配 SC25：工程量 =5+7+6+1.4+5×0.3=20.9（m）

4）管内穿照明线 4mm^2：工程量 =（20.9+0.5+0.6）×3=66（m）

5）翘板式单控双联暗开关安装：1 个。

6）单相双联暗插座安装：3 个。

7）双管荧光灯吊链安装：4 套。

8）钢制灯头盒混凝土暗装：4 个。

9）钢制接线盒混凝土暗装：1 开关 +3 插座 =4 个。

10）接线箱暗装 300mm：1 个。

11）送配电装置系统调试（配电箱）：1 台。

12）照明配电箱明装：4 回路，1 台。

例题工作量清单见表 2-28。

例题工作量清单   表 2-28

序号	清单编码	工程项目	项目特征	单位	计算式	工程量
1	030404017001	配电箱	1）名称：照明配电箱 2）型号：AL1 3）型号：500mm×600mm×200mm 4 回路 4）安装方式：墙上明装 5）距地高度：1.4m	台	—	1
2	030411005001	接线箱	1）名称：接线箱 2）材质：钢制 3）规格：半周长 300mm 4）安装形式：暗装	个	—	1

续表

序号	清单编码	工程项目	项目特征	单位	计算式	工程量
3	030411001001	配管	1）名称：BVC20 阻燃塑料管 2）材质：塑料管 3）规格：$DN20mm$ 4）配置形式：暗配	m	2+3×3+4（水平长度）+4−1.4−0.6（竖直高度：层高 − 距地高度 − 半周高）+4−1.4	19.6
4	030411004001	配线	1）名称：管内穿塑料铜线 2）配线形式：照明线路 3）规格型号：BV−2.5mm² 4）材质：铜芯线	m	（19.6+0.5+0.6）×2[（管长 + 预留）× 根数]+3+4+4−1.4（一根长度）	51
5	030411001002	配管	1）名称：SC25 焊接钢管 2）材质：焊接钢管 3）规格：$DN25mm$ 4）配置形式：暗配	m	5+7+6（水平长度）+1.4+配电箱距地高度+5×0.3（插座距地高度）	20.9
6	030411004002	配线	1）名称：管内穿塑料铜线 2）配线形式：照明线路 3）规格型号：BV−4mm² 4）材质：铜芯线	m	（20.9+0.5+0.6）×3[（管长 + 预留）× 根数]	66
7	030412005001	荧光灯	1）名称：双管荧光灯 2）规格：2×36W 3）安装形式：楼板上吊链安装	套	—	4
8	030404034001	照明开关	1）名称：翘板式单控双联暗开关 2）规格：250V、10A 3）安装方式：暗装	个	—	1
9	030404035001	插座	1）名称：单相二、三孔双联暗插座 2）规格：250V、10A 3）安装方式：暗装	个	3	3
10	030411006001	接线盒	1）名称：钢制灯头盒 2）规格：3″ 3）安装形式：混凝土暗装	个	4	4
11	030411006002	接线盒	1）名称：钢制接线盒 2）规格：75×75 3）安装形式：混凝土暗装	个	4	4
12	030414002001	配送电装置系统	1）名称：配电箱调试 2）型号：500mm×600mm×200mm 4 回路 3）电压类型：1kV 4）类型：照明	系统	—	1

本章小结

（1）本章介绍了主要的电气设备和材料，包括主要配电装置、控制设备及低压电气、防雷接地装置、配管配线，简单介绍了其施工方法。

（2）简单介绍了电气施工图的图例及识图方法和顺序，建筑电气施工图，一般遵循"六先六后"的原则，即先强电后弱电、先系统后平面、先动力后照明、先下层后上层、先室内后室外、先简单后复杂。电气工程施工图的识读顺序为：标题栏→目录→设计说明→图例→系统图→平面图→接线图→标准图。

（3）《安装工程量计算规范 2013》附录 D 电气设备安装工程共分为 14 个分部。适用于 10kV 以下变配电设备及线路的安装工程、车间动力电气设备及电气照明、防雷及接地装置安装、配管配线、电气调试等。

（4）2012 电气设备安装工程预算定额包括变压器、配电装置、母线、控制设备及低压电气、蓄电池、电机检查接线及调试、滑触线装置、电缆、防雷及接地装置、10kV 以下架空配电线路、配管配线、照明灯具、附属工程、电气调整试验、措施项目费用和附录等共十五章 1755 个子目。

思考题

1. 安装工程造价中强电和弱电应该如何划分？

2. 柜、盘、箱、屏的安装应用同一定额子目吗？

3. 防雷及接地装置如何进行工程量清单列项？

4. 接地保护系统有 TN 系统、TT 系统和 IT 系统，这些系统工作机制有何差异？

5. 电缆安装方式包括哪些种类？

6. 电气安装需要考虑哪些措施费？

3

给排水、采暖及燃气工程

学习要点：

（1）给排水、采暖及燃气工程的材料及施工方法，主要包括给排水、采暖、燃气管道，支架及其他，管道附件，卫生器具，供暖器具，采暖、给排水设备，燃气器具及其他；

（2）给排水、采暖及燃气工程主要图例及识图方法；

（3）给排水、采暖及燃气安装工程的工程量计算规范以及2012北京市预算定额。

3.1 给排水、采暖及燃气工程概述

建筑给排水系统是将给水管网或自备水源的水经引入管送至建筑内的生活、生产和消防设备，并通过室内排水系统将污水、废水从卫生器具、排水管网排出到室外水管网的给排水系统。

建筑给水方式有直接给水方式、单设水箱给水方式、单设水泵给水方式、设有水箱和水泵联合给水方式、设有贮水池、水箱和水泵联合给水方式、气压给水方式、分区供水方式。

当室外给水管网的水量、水压一天内任何时间都能满足室内管网的水量、水压要求时，可以采用直接给水方式。当室外管网的水压周期性变化大，在用水高峰时，短时间不能保证建筑物上层用水要求时，可采用单设水箱的给水方式。当一天内室外给水管网的水压大部分时间满足不了建筑内部给水管网所需的水压，而且建筑物内部用水量较大又较均匀时，可采用单设水泵增压的供水方式。当室外给水管网的水压经常性低于或周期性低于建筑内部给水管网所需的水压时，可采用设置水泵、水箱联合供水方式。当外网水压低于或经常不能满足建筑内部给水管网所需的水压，而且不允许直接从外网抽水时，必须设置室内贮水池，外网的水送入水池，水泵能及时从贮水池抽水，输送到室内管网和水箱。高层建筑内所需的水压比较大，而卫生器具给水配件承受的最大工作压力，故高层建筑应采用竖向分区供水方式。

建筑给水系统按照用途可以分为生活给水系统、生产给水系统、消防给水系统3大类。生活给水系统是提供建筑生活用水的系统。如提供给居民楼的饮用、烹调、淋浴等方面的用水。生产给水系统是提供满足生产用水的系统。如供给生产设备的冷却、原材料设备的洗涤用水。消防给水系统是提供给民用建筑、公共建筑及工业建筑的消防用水。如供给消火栓、喷淋设施用水。

建筑排水系统可以分为生活排水系统、工业废水排水系统、建筑内部雨水管道3大类。生活排水系统是将建筑内生活废水排出室外。工业废水排水系统是用来排除工业生产中的污水。建筑内部雨水管道系统用来排除建筑表面的雨水。

建筑给水系统由引入管、水表节点、管道系统、给水附件、增压和贮水系统和室内消防设备组成（图3-1）。

引入管用于室内给水系统和室外给水管网连接起来的一条或几条管道叫作

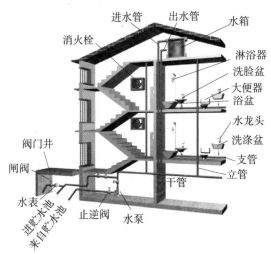

图3-1 建筑给水系统组成

引入管，也称进户管。

水表节点系指组装水表的管道，也就是对引入管上装设的水表及其前后设置的阀门和泄水管的总称。

管道系统是指系统中的水平管道、立管和支管等。干管就是室内给水管道的主线；立管是指由干管通往各楼层的管线；支管是指从立管（或干管）接往各用水点的管线。

给水附件是指给水管道上装设的阀门、止回阀和水龙头等，可用来控制和分配水量。

此外，根据建筑物的性质、高度、消防设施和生产工艺上的要求及外网压力的大小等因素，室内给水系统常附设一些其他设备，如水泵、水箱、水塔等。它们统称为升压、储水设备。

建筑排水系统一般由污水和废水收集器、水封装置、排水管系统、通气管系统、清通设备、抽升设备、室外排水管道、污水局部处理构筑物构成（图3-2）。

污水和废水收集器是排水系统的起点，它往往是用水器具，包括卫生器具、生产设备上的受水器等。如脸盆是卫生器具，同时也是排水系统的污水、废水收集器。

水封装置是设置在污水、废水收集器具的排水口下方处，或器具本身构造设置有水封装置。其作用是来阻挡排水管道中的臭气和其他有害、易燃气体及虫类进入室内

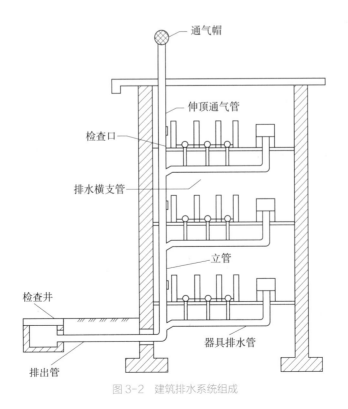

图3-2　建筑排水系统组成

造成危害。

　　排水管道可分为：①器具排水管：连接卫生器具与后续管道排水横支管的短管；②排水横支管：汇集各器具排水管的来水，并作水平方向输送至排水立管的管道。排水管应有一定坡度；③排水立管：收集各排水横管、支管的来水，并作垂直方向将水排泄至排出管；④排出管：收集排水立管的污、废水，并从水平方向排至室外污水检查井的管段。

　　通气管能向排水管内补充空气，使水流畅通，减少排水管内的气压变化幅度，防止卫生器具水封被破坏，并能将管内臭气排到大气中去。

　　清通部件一般设置检查口、清扫口、检查井 3 种。

　　抽升设备。废水不能以重力流排入室外检查井时，则需要利用水泵等抽升设备将污水排出建筑物外。

　　采暖是给室内提供热量并保持一定的温度，以达到适宜生活条件的技术。采暖系统一般由热源、室外热力管网、室内采暖系统组成。热源是指能够提供热量的设备，常见的热源有热水锅炉、蒸汽锅炉、工业余热等。室外热力管网一般是指由锅炉房外墙皮 1.5m 以外至各采暖点之间（入口装置以外）的管道。室内采暖系统一般是指由入口装置以内的管道、散热器、排气装置等设施所组成的供热系统。

　　室内燃气工程主要包括燃气管道系统和燃烧器具。燃气管道主要包括钢管、铸铁管和塑料管 3 种形式。燃烧器具主要有燃气灶、工业炊事器具、烘烤器具、烧水器具以及燃气空调采暖器具等。

3.2　给排水、采暖、燃气管道管材介绍及施工

3.2.1　常用管材

1. 常用管材介绍

　　给排水安装工程中常用到的管材按材质不同分为金属管和非金属管两类。金属管包括无缝钢管、焊接钢管、镀锌钢管、铸铁管、铜管、不锈钢管等；非金属管包括混凝土管、塑料管、复合管、承插水泥管等。

　　（1）管材介绍

　　1）无缝钢管。无缝钢管与焊接钢管相比，有较高的强度，主要用作输水、煤气、蒸汽的管道和各种机械零件的坯料。无缝钢管的规格用"外径 × 壁厚"表示。

　　2）焊接钢管。按焊缝形状分为直缝焊管和螺旋缝焊管。直缝焊管主要用于输送水、暖气、煤气和制作结构零件等；螺旋缝焊管可用于输送水、石油、天然气等。常用连接方式有螺纹连接、焊接、法兰连接、卡箍式连接（表 3-1）。

常用连接方式汇总 表 3-1

连接方式	连接照片	连接部位
管道丝扣连接		镀锌钢管、衬塑镀锌钢管
管道法兰连接		需要拆卸、与设备阀门等连接
管道焊接		
管道承插连接		一般用于室内、外铸铁排水管道的承插口连接
管道粘接连接		UPVC 管、ABS 管
管道的卡套式连接		铝塑复合管
管道的热熔连接		多用于室内生活给水 PP-R 管、PB 管的安装
沟槽卡箍式连接		

3）铸铁管。铸铁管分为给水铸铁管和排水铸铁管。给水球墨铸铁管主要用于市政、工矿企业给水、输气、输油等。排水承插铸铁管用于排水工程管道中的污水管道。常用连接方式有承插连接、法兰连接。接口分为柔性接口和刚性接口两种。

4）铜管。铜管是现代住宅商品房的自来水管道和供热、制冷管道安装的首选。常用连接方式有螺纹连接、焊接。

5）不锈钢管。不锈钢管在石油钻采、冶炼和输送等行业需求较大,广泛应用于石油、化工、医疗、食品、轻工、机械仪表等工业输送管道以及机械结构部件等。常用连接方式有螺纹连接、焊接。

6）混凝土管。混凝土管用于输送水、油、气等流体,也可作为建筑室外排水的主要管道。按管子接头形式的不同,又可分为平口式管、承插式管和企口式管。

7）塑料管。在非金属管路中,应用最广泛的是塑料管。常用的塑料管有聚氯乙烯(PVC)管、聚乙烯(PE)管、聚丙烯(PP)管等。

建筑安装工程中,PP-R(三聚丙烯)管材常用在采暖和给水用管道中。UPVC 管材广泛应用于排水管道。PE 管主要应用于饮水管、雨水管、气体管道、工业耐腐蚀管道等领域,不能作为热水管。常用连接方式有焊接、热熔和螺纹连接等。

8）复合管。复合管材常用于安装工程的有铝塑复合管、钢塑复合管、铜塑复合管、涂塑复合管、钢骨架 PE 管等。常采用螺纹连接、法兰连接和卡箍连接等连接方式。

9）承插水泥管。常用于城市建设的下水管道用于排污水、防汛排水,也用于一些特殊厂矿使用的上水管。通常采用承插连接方式。

【例题】一般用于压力不高,介质为气体、液体和无渗漏危险管路上的仪表阀和管道连接,应采用的连接方式为(　　　)。

A.卡套式连接　　　B.焊接连接　　　C.法兰连接　　　D.粘接连接

【答案】A

【解析】仪表阀门根据介质特性、压力及设计要求,采用多种方式安装。卡套式连接方式一般用于压力不高,介质为气体、液体和无渗漏危险的场所。

2.管件及附件介绍

(1)一般管件介绍

管件包括管箍、弯头、三通、四通、异径管、活接头、封头、凸台、盲板等。管件按用途分为以下几种:

1）用于管道互相连接的管件:管箍、活接头等。

2）改变管道走向的管件:弯头、弯管。

3）使管路变径的管件:异径管、异径弯头等。

4）管路分支的管件:三通、四通。

5）用于管路密封的管件:管堵、盲板、封头等。

(2)其他附件介绍

管道及设备其他附件常见的有:除污器、阻火器、视镜、阀门操纵装置、软接头、补偿器、水表、热量表、倒流防止器、套管及阻火圈等。

1）除污器。除污器的作用是防止管道介质中的杂质进入传动设备或精密部位,使生产设备发生故障或影响产品的质量。其结构形式有 Y 形除污器、锥形除污器、直角式除污器和高压除污器。

2）阻火器。阻火器可以防止管内或设备内气体直接与外界火种接触而引起火灾或爆炸。常用的阻火器有砾石阻火器、金属网阻火器和波形散热式阻火器。

3）视镜。视镜的作用是通过视镜直接观察管道及设备内被传输介质的流动情况。常用的有玻璃板式、三通玻璃板式和直通玻璃管式三种。

4）阀门操纵装置。阀门操纵装置是为了在适当的位置能够操纵距离比较远的阀门而设置的一种装置。

5）软接头。软接头在管道中主要是起防振、防噪作用，具体连接形式有螺纹连接、法兰连接、绑接等。

6）补偿器。补偿器分为自然补偿器和人工补偿器。自然补偿是利用管路几何形状所具有的弹性来吸收管道的热变形。人工补偿是利用补偿器来吸收管道热变形的补偿方式。

7）水表。水表主要用于计量水的用量，水表有机械式、远传式、IC 卡式等。

8）热量表。热量表主要用于采暖系统热量计量，分为蒸发式热分配表与采暖入口热量表两种。

9）倒流防止器。倒流防止器是一种严格限定管道中的压力，水只能单向流动的水力控制组合装置。

10）套管。套管是用来保护管道或者方便管道安装的铁圈。按安装部位可分为穿墙套管、穿板套管。根据套管作用分为柔性防水套管、刚性防水套管、一般填料套管和无填料套管。

11）阻火圈。阻火圈是排水塑料管为防止发生火灾时造成"烟囱效应"而采取的措施，能够在较短时间内封堵管道穿洞口，阻止火势沿洞口蔓延。

【例题】某补偿器优点是制造方便、补偿能力大、轴向推力小、维修方便、运行可靠；缺点是占地面积较大。此种补偿器为（   ）。

A.填料补偿器　　　B.波形补偿器　　　　　　C.球形补偿器　　　　　　D.方形补偿器

【答案】D

【解析】方形补偿器优点是制造方便，补偿能力大，轴向推力小，维修方便，运行可靠，缺点是占地面积较大。

3. 阀门介绍

阀门一般用于控制管内介质的流量，管道工程中常用阀门包括闸阀、截止阀、止回阀、旋塞阀、安全阀、调节阀、球阀、减压阀、疏水阀、蝶阀等。阀门与管道之间的连接方式有螺纹连接、法兰连接及焊接连接等。

（1）截止阀主要用于热水供应及蒸汽管路中。流体经过截止阀时要改变流向，因此水流阻力较大，所以安装时要注意流体"低进高出"，方向不能装反。

（2）闸阀又称闸门或闸板阀，它是利用闸板升降控制开闭的阀门。它广泛用于冷、热水管道系统中。闸阀一般只作为截断装置，即用于完全开启或完全关闭的管路中，而不宜用于需要调节大小和启闭频繁的管路上。

（3）止回阀又名单流阀或逆止阀，它是一种根据阀瓣前后的压力差而自动启闭的阀门。它有严格的方向性，只许介质向一个方向流通，而阻止其逆向流动。根据结构不同止回阀可分为升降式和旋启式。

（4）蝶阀只由少数几个零件组成，只需旋转90°。常用的蝶阀有对夹式蝶阀和法兰式蝶阀两种。蝶阀不仅在石油、煤气、化工、水处理等一般工业上得到广泛应用，而且还应用于热电站的冷却水系统。

（5）旋塞阀主要由阀体和塞子（圆锥形或圆柱形）构成。旋塞阀通常用于温度和压力不高的管路上。此种阀门不适用于输送高压介质（如蒸汽），只适用于一般低压流体作开闭用，也不宜于作调节流量用。

（6）球阀分为气动球阀、电动球阀和手动球阀三种。适用于水、溶剂和天然气等一般工作介质，而且还适用于工作条件恶劣的介质，如氧气、甲烷和乙烯等，且适用于含纤维、微小固体颗粒等介质。

（7）节流阀的构造特点是没有单独的阀盘，而是利用阀杆的端头磨光代替阀盘。该阀主要用于节流，不适用于黏度大和含有固体悬浮物颗粒的介质。

（8）安全阀是一种安全装置，当管路系统或设备（如锅炉、冷凝器）中介质的压力超过规定数值时，便自动开启阀门排汽降压，以免发生爆炸危险。安全阀一般分为弹簧式和杠杆式两种。选用安全阀的主要参数是排泄量，排泄量决定安全阀的阀座口径和阀瓣开启高度。

（9）减压阀又称调压阀，用于管路中降低介质压力。常用的减压阀有活塞式、波纹管式及薄膜式等几种。减压阀只适用于蒸汽、空气和清洁水等清洁介质。

（10）疏水阀又称疏水器，它的作用在于阻气排水，属于自动作用阀门。它的种类有浮桶式、恒温式、热动力式以及脉冲式等。

【例题】具有结构紧凑、体积小、质量轻，驱动力矩小，操作简单，密封性能好的特点，易实现快速启闭，不仅适用于一般工作介质，而且还适用于工作条件恶劣介质的阀门为（　　　）。

A. 蝶阀　　　　　　B. 旋塞阀　　　　　　C. 球阀　　　　　D. 节流阀

【答案】C

【解析】球阀具有结构紧凑、密封性能好、结构简单、体积较小、重量轻、材料耗用少、安装尺寸小、驱动力矩小、操作简便、易实现快速启闭和维修方便等特点。选用特点：适用于水、溶剂、酸和天然气等一般工作介质，而且还适用于工作条件恶劣的介质，如氧气、过氧化氢、甲烷和乙烯等，且特别适用于含纤维、微小固体颗粒等介质。

4. 卫生器具介绍

（1）浴盆。浴盆分为冷热水浴盆、冷热水带喷头浴盆和按摩浴盆；

（2）洗脸盆。洗脸盆分为单冷、冷热、混合水嘴、单肘、双肘、脚踏开关、延时自闭、自动感应及洗发盆等；

（3）洗涤盆。洗涤盆分为单冷、冷热、脚踏开关、鹅颈水嘴等；

（4）化验盆。化验盆分为单冷、冷热、三联水嘴、脚踏开关等；

（5）大便器。大便器分为蹲便器、坐便器两类；蹲便器由低水箱、脚踏阀、自闭阀、感应式以及倒便器等组成；坐便器由挂箱式、坐箱 / 连体式、自闭阀、隐蔽水箱和脚踏式等组成；

（6）小便器。小便器分为挂斗式小便器、立式小便器两类，均按自闭阀、感应式和脚踏式划分；

（7）淋浴器。淋浴器分为组装淋浴器、成品淋浴器、淋浴房等；组装淋浴器按组成方式划分；成品淋浴器按组成方式或给水方式划分；

（8）给排水附件。给排水附件分为给水附件、排水附件两类；给水附件包括感应冲洗阀、脚踏阀、恒温出水阀、垃圾粉碎机、水嘴和饮水器；排水附件包括排水栓、地漏、多功能地漏、清扫口、毛发聚集器、雨水斗和隔油器。

5. 采暖器具

常用采暖器具包括：散热器、暖风机及集气罐等。

（1）散热器。通过管道输送热媒（温水或蒸汽）、经由散热器散发热量，让室内空气加热达到预计的温度。从安装方式可以分为散片组装、成品安装和钢管焊制三种。

（2）暖风机。暖风机是热风采暖的主要散热源。热风采暖的热媒有热水、蒸汽、燃气、燃油、电热等，采用何种热媒由设计确定。不能直接吹向人体，送风温度不得高于 70℃。

（3）集气罐。集气罐分为卧式和立式两种。为收集、排除管道内的空气，避免管道不热，在热水采暖系统中设置集气罐。集气罐一般安装在管道的最高点，通过放风管排出集中的空气。

6. 采暖设备

常见的采暖用设备除了给排水设备所包括的组成部分外，还包括太阳能集热装置、地源（水源、气源）热泵机组等。

（1）太阳能集热装置。太阳能集热装置的功能相当于电热水器中的电加热管。按集热器的传热介质类型可分为液体集热器、空气集热器。

（2）地源热泵机组。地源热泵是利用地下浅层地热资源的高效节能空调装置，根据安装方式不同可分为水平式地源热泵、垂直式地源热泵、地表水式地源热泵和地下水式地源热泵。

（3）生活给水处理设备。生活给水处理设备是具有过滤、杀菌、消毒、灭藻、除垢、净化等功能，使原水达到使用标准的装置。如水质净化器、水箱自洁器等。

（4）水箱。水箱分为生活水箱、膨胀水箱、凝结水箱、消防水箱、生产水箱等。

7. 燃气设备器具及附件

常见的燃气设备器具及附件包括：燃气采暖炉、燃气热水器及燃气表。

（1）燃气采暖炉。燃气采暖炉分为即热式和容积式两大类。

（2）燃气热水器。燃气热水器是通过燃烧加热方式将热量传递到流经热交换器的冷水中以达到制备热水的目的的一种燃气用具。

（3）燃气表是管道燃气的计量器具。主流燃气表有机械式膜式燃气表与预付费膜式燃气表两种。

【例题】室内燃气引入管从地下引入时，管材宜采用（　　）。

A. 直缝电焊钢管　　　　　　　B. 单面螺旋缝焊管

C. 双面螺旋缝焊管　　　　　　D. 无缝钢管

【答案】D

【解析】室内燃气管道安装。当燃气引入管采用地下引入时，应符合下列要求：

（1）穿越建筑物基础或管沟时，燃气管道应敷设在套管内，套管与引入管、套管与建筑物基础或管沟壁之间的间隙用柔性防腐、防水材料填实；

（2）引入管管材宜采用无缝钢管；

（3）湿燃气引入管应坡向室外，坡度不小于 0.01。

3.2.2　给排水、采暖及燃气管道施工

1. 管道支架制作安装

管道支架、支座、吊架的制作安装，应严格控制焊接质量及支吊架的结构形式。支架安装时应按照测绘放线的位置来进行，支架应固定牢固、滑动方向或热膨胀方向应符合规范要求。随着技术的发展，高层建筑因管道较多，一般采用管线综合布置技术进行管线布置后，运用综合支吊架，以合理布置节约空间；绿色施工中为了减少现场焊接，较广泛地采用成品支架或支架工厂化预制。

2. 管道安装

（1）管道安装一般应先主管后支管、先上部后下部、先里后外进行安装，对于不同材质的管道应先安装钢质管道，后安装塑料管道，当管道穿过地下室侧墙时在室内管道安装结束后再进行安装，安装过程应注意成品保护。干管安装的连接方式有螺纹连接、承插连接、法兰连接、粘接、焊接、热熔连接等。

（2）冷热水管道上下平行安装时，热水管道应在冷水管道上方，垂直安装时，热水管道在冷水管道左侧。排水管道应严格控制坡度和坡向，当设计未注明安装坡度时，应按相应施工规范执行。室内生活污水管道应按铸铁管、塑料管等不同材质及管径设置排水坡度，铸铁管的坡度应高于塑料管的坡度。室外排水管道的坡度必须符合设计要求，严禁无坡或倒坡。

（3）给水引入管与排水排出管的水平净距不得小于 1m。室内给水与排水管道平行

敷设时，两管间的最小水平净距不得小于 0.5m；交叉铺设时，垂直净距不得小于 0.15m。给水管应铺在排水管上面，若给水管必须铺在排水管的下面时，给水管应加套管，其长度不得小于排水管管径的 3 倍。

3. 系统试验

建筑管道工程应进行的试验包括：承压管道和设备系统压力试验，非承压管道和设备系统灌水试验，排水干管通球、通水试验，消火栓系统试射试验等。

（1）压力试验

管道压力试验应在管道系统安装结束，经外观检查合格、管道固定牢固、无损检测和热处理合格、确保管道不再进行开孔、焊接作业的基础上进行。

1）试验压力应按设计要求进行，当设计未注明试验压力时，应按规范要求进行。各种材质的给水管道系统试验压力均为工作压力的 1.5 倍，但不得小于 0.6MPa，金属及复合管给水管道系统在试验压力下观测 10min，压力降不应大于 0.02MPa，然后降到工作压力进行检查，应不渗不漏；塑料给水系统应在试验压力下稳压 1h，压力降不得超过 0.05MPa。然后在工作压力的 1.15 倍状态下稳压 2h，压力降不得超过 0.03MPa，同时检查各连接处不得渗漏。

2）压力试验宜采用液压试验并应编制专项方案，当需要进行气压试验时应有设计人员的批准。

3）高层、超高层建筑管道应先按分区、分段进行试验，合格后再按系统进行整体试验。

（2）灌水试验

1）室内隐蔽或埋地的排水管道在隐蔽前必须做灌水试验，灌水高度应不低于底层卫生器具的上边缘或底层地面高度。灌水到满水 15min，水面下降后再灌满观察 5min，液面不降，管道及接口无渗漏为合格。

2）室外排水管网按排水检查井分段试验，试验水头应以试验段上游管顶加 1m，时间不少于 30min。管接口无渗漏为合格。

3）室内雨水管应根据管材和建筑物高度选择整段方式或分段方式进行灌水试验。整段试验的灌水高度应达到立管上部的雨水斗，当灌水达到稳定水面后观察 1h，管道无渗漏为合格。

（3）通球试验

排水管道主立管及水平干管安装结束后均应做通球试验，通球球径不小于排水管径 2/3，通球率必须达到 100%。

（4）通水试验

排水系统安装完毕，排水管道、雨水管道应分系统进行通水试验，以流水通畅、不渗不漏为合格。

（5）消火栓系统试射试验

1）室内消火栓系统在安装完成后应做试射试验。试射试验一般取有代表性的三处：即屋顶（或水箱间内）取一处和首层取两处。

2）屋顶试验用消火栓试射可测得消火栓的出水流量和压力（充实水柱）；首层取两处消火栓试射，可检验两股充实水柱同时喷射到达最远点的能力。

4.防腐绝热

（1）管道的防腐方法主要有涂漆、衬里、静电保护和阴极保护等。例如：进行手工油漆涂刷时，漆层要厚薄均匀一致。多遍涂刷时，必须在上一遍涂膜干燥后才可涂刷第二遍。

（2）管道绝热按其用途可分为保温、保冷、加热保护三种类型。若采用橡塑保温材料进行保温时，应先把保温管用小刀划开，在划口处涂上专用胶水，然后套在管子上，将两边的划口对接，若保温材料为板材则直接在接口处涂胶、对接。

3.3 给排水、采暖、燃气工程主要图例及识图方法

3.3.1 给排水、采暖、燃气工程主要图例符号（表3-2）

给排水、采暖、燃气工程主要图例符号   表3-2

序号	名称	图例	备注	序号	名称	图例	备注
1	给水管	——J——		13	插连接		
2	排水管	——P——		14	三通连接		
3	污水管	——W——		15	四通连接		
4	雨水管	——Y——		16	管道交叉		
5	水龙头			17	活接头		
6	阀门井、检查井			18	弯折管		
7	水表井			19	圆形地漏		
8	立管检查口			20	方形地漏		
9	清扫口			21	自动冲洗水箱		
10	通气帽			22	闸阀		
11	排水漏斗			23	角阀		
12	法兰连接			24	减压阀		

续表

序号	名称	图例	备注	序号	名称	图例	备注
25	止回阀			31	挂式小便器		
26	蝶阀			32	蹲式大便器		
27	洗涤盆			33	坐式大便器		
28	污水池			34	淋浴喷头		
29	盥洗盆			35	水表		
30	立式小便器						

3.3.2　给排水、采暖、燃气工程识图方法及步骤

1. 室内给水工程施工图

识读给水施工图一般按如下顺序：首先阅读施工说明，了解设计意图再由平面图对照系统图阅读，一般按供水流向，由底层至顶层逐层看图；弄清整个管路全貌后，再对管路中的设备、器具的数量、位置进行分析；最后要了解和熟悉给水排水设计和验收规范中部分卫生器具的安装高度，以利于量截和计算管道工程量。

2. 室内排水工程施工图

室内排水工程施工图的内容与给水工程相同，主要包括平面图、系统图及详图等。阅读时将平面图和系统图结合起来，从用水设备起，沿排水的方向进行顺序阅读。

3. 采暖工程施工图

首先阅读施工说明，了解设计意图；在识读平面图时应着重了解整个系统的平面布置情况，首先找到采暖管道的进出口位置，供暖和回水干管的走向；在识读系统图时应着重了解立管的根数及分布情况；最后弄清系统中散热设备和其他附件的安装位置。

3.4　给排水、燃气及采暖安装工程计量与计价

3.4.1　给排水、采暖、燃气工程量计算规范

本节对应《安装工程量计算规范2013》附录K给排水、采暖、燃气工程的内容，主要内容包括给排水、采暖、燃气管道，支架及其他，管道附件，卫生器具，供暖器具，采暖、给排水设备，燃气器具及其他，医疗气体设备及附件以及采暖、空调水工程系统调试（表3-3）。

给排水、采暖、燃气工程主要内容　　　　　　　　表 3-3

编码	分部工程名称	编码	分部工程名称
031001	K.1 给排水、采暖、燃气管道	031006	K.6 采暖、给排水设备
031002	K.2 支架及其他	031007	K.7 燃气器具及其他
031003	K.3 管道附件	031008	K.8 医疗气体设备及附件
031004	K.4 卫生器具	031009	K.9 采暖、空调水工程系统调试
031005	K.5 供暖器具		

1. 给排水、采暖、燃气管道（编码：031001）

给排水、采暖、燃气管道共设置镀锌钢管、钢管、不锈钢管、铜管、铸铁管、塑料管、复合管、直埋式预制保温管、承插陶瓷缸瓦管、承插水泥管及室外管道碰头 11 个清单项目。

（1）镀锌钢管、钢管、不锈钢管、铜管分别根据安装部位、介质、规格、压力等级等列项，按设计图示管道中心线以长度计算工程量；

（2）铸铁管、塑料管、复合管根据安装部位、介质、材质、规格等列项，按设计图示管道中心线以长度计算工程量；

（3）直埋式预制保温管根据埋设深度、介质、管道材质、规格等列项，按设计图示管道中心线以长度计算工程量；

（4）承插陶瓷缸瓦管、承插水泥管根据埋设深度、规格、接口方式及材料等列项，按设计图示管道中心线以长度计算工程量；

（5）室外管道碰头根据介质、碰头形式、材质、规格、连接形式等列项，按设计图示以"处"为单位计算工程量；

（6）给排水、采暖、燃气管道工程量清单中应该注意：

1）铸铁管安装适用于承插铸铁管、球墨铸铁管、柔性抗震铸铁管等。

2）塑料管安装适用于 UPVC、PVC、PP-C、PP-R、PE、PB 管等塑料管材。

3）复合管安装适用于钢塑复合管、铝塑复合管、钢骨架复合管等复合型管道安装。

4）直埋保温管包括直埋保温管件安装及接口保温。

5）排水管道安装包括立管检查口、透气帽。

6）室外管道碰头：

①适用于新建或扩建工程热源、水源、气源管道与原（旧）有管道碰头；

②室外管道碰头包括挖工作坑、土方回填或暖气沟局部拆除及修复；

③带介质管道碰头包括开关闸、临时放水管线铺设等费用；

④热源管道碰头每处包括供、回水两个接口；

⑤碰头形式指带介质碰头、不带介质碰头。

7）管道工程量计算不扣除阀门、管件（包括减压器、疏水器、水表、伸缩器等组成安装）及附属构筑物所占长度；方形补偿器以其所占长度列入管道安装工程量。

8）压力试验按设计要求描述试验方法，如水压试验、气压试验、泄漏性试验、闭水试验、通球试验、真空试验等。

【例题】塑料管接口一般采用承插口形式，其连接方法可采用（　　　）。（多选）

A. 粘接　　　　B. 螺纹连接　　　　C. 法兰连接　　　　D. 焊接

【答案】AD

【解析】塑料管的连接方法有粘接、焊接、电熔合连接、法兰连接和螺纹连接等。

1）塑料管粘接。塑料管粘接必须采用承插口形式。

2）塑料管焊接。塑料管管径小于200mm时一般应采用承插口焊接。

3）电熔合连接。

2. 支架及其他（编码：031002）

支架及其他工程量清单设置支架、设备支架、套管3个清单项目。

（1）管道支架根据材质、管架形式列项；设备支架根据材质、形式列项，以"千克"为单位，按设计图示质量计算；或者以"套"为单位，按设计图示数量计算工程量；

（2）套管根据名称、类型、材质、规格等列项，按设计图示数量以"个"为单位计算工程量；

（3）支架及其他工程量清单中应该注意：

1）单件支架质量100kg以上的管道支吊架执行设备支吊架制作安装。

2）成品支架安装执行相应管道支架或设备支架项目，不再计取制作费，支架本身价值含在综合单价中。

3）套管制作安装，适用于穿基础、墙、楼板等部位的防水套管、填料套管、无填料套管及防火套管等，应分别列项。

3. 管道附件（编码：031003）

管道附件共设置螺纹阀门，螺纹法兰阀门，焊接法兰阀门，带短管甲乙阀门，塑料阀门，减压器，疏水器，除污器（过滤器），补偿器，软接头（软管），法兰，倒流防止器，水表，热量表，塑料排水管消声器，浮标液面计，浮漂水位标尺共17个清单项目。

（1）螺纹阀门、螺纹法兰阀门、焊接法兰阀门，根据类型、材质、规格、压力等级、连接形式、焊接方法分别列项；带短管甲乙阀门、塑料阀门根据规格、连接形式，按设计图示数量以"个"为单位计算工程量；

（2）带短管甲乙阀门根据材质、规格、压力等级、连接形式等分别列项，按设计图示数量以"个"为单位计算工程量；

（3）塑料阀门根据规格、连接形式分别列项，按设计图示数量以"个"为单位计算工程量；

（4）减压器、疏水器、除污器（过滤器）、补偿器根据材质、规格、压力等级、连接形式等列项，按设计图示数量以"组（个）"为单位计算工程量；

（5）软接头（软管）、法兰根据材质、规格、连接形式列项，按设计图示数量计算工程量；

（6）倒流防止器根据安装部位（室内外）、型号、规格、连接形式等列项，按设计图示数量计算工程量；

（7）水表根据材质、型号、规格、连接形式列项，按设计图示数量计算工程量；

（8）热量表根据类型、型号、规格、连接形式列项，按设计图示数量计算工程量；

（9）塑料排水管消声器、浮标液面计根据规格、连接形式列项，按设计图示数量计算工程量；

（10）浮漂水位标尺根据用途、规格列项，按设计图示数量计算工程量；

（11）管道附件工程量清单中应该注意：

1）法兰阀门安装包括法兰连接，不得另计。阀门安装如仅为一侧法兰连接时，应在项目特征中描述。

2）塑料阀门连接形式需注明热熔连接、粘接、热风焊接等方式。

3）减压器规格按高压侧管道规格描述。

4）减压器、疏水器、倒流防止器等项目包括组成与安装工作内容，项目特征应根据设计要求描述附件配置情况。

4.卫生器具（编码：031004）

卫生器具共设置浴缸，净身盆，洗脸盆，洗涤盆，化验盆，大便器，小便器，其他成品，卫生器具，烘手器，淋浴器，淋浴间，桑拿浴房，大、小便槽，自动冲洗水箱，给、排水附（配）件，小便槽冲洗管，蒸汽－水加热器，冷热水混合器，饮水器，隔油器等19个清单项。

（1）浴缸，净身盆，洗脸盆，洗涤盆，化验盆，大便器，小便器，其他成品根据材质、规格、类型、组装形式、附件名称、数量列项，按设计图示数量以"组"为单位计算工程量；

（2）烘手器根据材质、型号、规格列项，按设计图示数量以"个"为单位计算工程量；

（3）淋浴器、淋浴间、桑拿浴房根据材质、规格、组装形式、附件名称、数量列项，大、小便槽自动冲洗水箱根据材质、类型、规格等列项，按设计图示数量以"套"为单位计算工程量；

（4）给、排水附（配）件根据材质、型号、规格、安装方式列项，按设计图示数量以"个（组）"为单位计算工程量；

（5）小便槽冲洗管根据材质、规格列项，按设计图示长度以"m"为单位计算工程量；

（6）蒸汽－水加热器、冷热水混合器、饮水器根据类型、型号、规格、安装方式列项，按设计图示数量以"套"为单位计算工程量；

（7）隔油器根据类型、型号、规格、安装部位列项，按设计图示数量以"套"为单位计算工程量；

（8）卫生器具工程量清单中应该注意：

1）成品卫生器具项目中的附件安装，主要指给水附件包括水嘴、阀门、喷头等，排水配件包括存水弯、排水栓、下水口等以及配备的连接管。

2）浴缸支座和浴缸周边的砌砖、瓷砖粘贴，应按现行国家标准《房屋建筑与装饰工程工程量计算规范》GB 50854—2013 相关项目编码列项；功能性浴缸不含电机接线和调试，应按本规范附录 D 电气设备安装工程相关项目编码列项。

3）洗脸盆适用于洗脸盆、洗发盆、洗手盆安装。

4）器具安装中若采用混凝土或砖基础，应按现行国家标准《房屋建筑与装饰工程工程量计算规范》GB 50854—2013 相关项目编码列项。

5）给、排水附（配）件是指独立安装的水嘴、地漏、地面扫出口等。

5. 供暖器具（编码：031005）

供暖器具共设置铸铁散热器、钢制散热器、其他成品散热器、光排管散热器、暖风机、地板辐射采暖、热媒集配装置、集气罐等 8 个清单项。

（1）铸铁散热器根据型号、规格、安装方式、托架方式等列项；钢制散热器根据结构形式、型号、规格、安装方式等列项；其他成品散热器根据材质、类型、型号、规格等列项，按设计图示数量计算工程量；

（2）光排管散热器根据材质、类型、型号、规格、托架形式及做法等列项，按设计图示排管长度计算工程量；

（3）暖风机根据质量、型号、规格、安装方式等列项，按设计图示数量计算工程量；

（4）地板辐射采暖根据保温层材质、厚度、钢丝网设计要求、管道材质、规格等列项，可以按设计图示采暖房间净面积以"m²"为单位计算工程量，可以按设计图示管道长度以"m²"为单位计算工程量；

（5）热媒集配装置根据材质、规格、附件名称、规格、数量列项；集气罐根据材质、规格列项，按设计图示数量计算工程量。

6. 采暖、给排水设备（编码：031006）

采暖、给排水设备共包括变频给水设备、稳压给水设备、无负压给水设备、气压罐、太阳能集热装置、地源（水源、气源）热泵机组、除砂器、水处理器、超声波灭藻设备、水质净化器、紫外线杀菌设备、热水器、开水炉，消毒器、消毒锅，直饮水设备以及水箱制作安装共 15 个分项工程。

（1）变频给水设备、稳压给水设备、无负压给水设备根据设备名称、型号、规格、水泵技术参数等列项，按设计图示数量以"套"为单位计算工程量；

（2）气压罐根据型号、规格、安装方式列项，按设计图示数量以"台"为单位计算工程量；

（3）太阳能集热装置根据型号、规格、安装方式、附件名称、规格等列项，按设计图示数量以"套"为单位计算工程量；

（4）地源（水源、气源）热泵机组根据型号、规格、安装方式、减震装置形式等列项，按设计图示数量以"组"为单位计算工程量；

（5）除砂器根据型号、规格、安装方式列项，按设计图示数量以"台"为单位计算工程量；

（6）水处理器、超声波灭藻设备、水质净化器根据类型、型号、规格列项；紫外线杀菌设备根据名称、规格列项；热水器、开水炉根据能源种类、型号、容积、安装方式列项；消毒器、消毒锅根据类型、型号、规格列项，按设计图示数量以"台"为单位计算工程量；

（7）直饮水设备根据名称、规格列项，按设计图示数量以"套"为单位计算工程量；

（8）水箱根据材质、类型、型号、规格列项，按设计图示数量以"台"为单位计算工程量；

（9）采暖、给排水设备工程量清单中应该注意：

1）变频给水设备、稳压给水设备、无负压给水设备安装，说明：

①压力容器包括气压罐、稳压罐、无负压罐；

②水泵包括主泵及备用泵，应注明数量；

③附件包括给水装置中配备的阀门、仪表、软接头，应注明数量，含设备、附件之间管路连接；

④泵组底座安装，不包括基础砌（浇）筑，应按现行国家标准《房屋建筑与装饰工程工程量计算规范》GB 50854—2013 相关项目编码列项；

⑤控制柜安装及电气接线、调试应按电气设备安装工程相关项目编码列项。

2）地源热泵机组，接管以及接管上的阀门、软接头、减震装置和基础另行计算，应按相关项目编码列项。

7. 燃气器具及其他（编码：031007）

燃气器具及其他共包括燃气开水炉，燃气采暖炉，燃气沸水器、消毒器，燃气热水器，燃气表，燃气灶具，气嘴，调压器，燃气抽水缸，燃气管道调长器，调压箱、调压装置及引入口砌筑等共 12 个分项工程。

（1）燃气开水炉、燃气采暖炉根据型号、容量、安装方式、附件型号、规格列项，按设计图示数量以"台"为单位计算工程量；

（2）燃气沸水器、消毒器、燃气热水器根据类型、型号、容量、安装方式等列项，按设计图示数量以"台"为单位计算工程量；

（3）燃气表根据类型、型号、规格、连接方式等列项，按设计图示数量以"块（台）"为单位计算工程量；

（4）燃气灶具根据用途、类型、型号、规格、安装方式列项，按设计图示数量以"台"为单位计算工程量；

（5）气嘴根据单嘴、双嘴、材质、型号、规格、连接形式列项，按设计图示数量以"个"为单位计算工程量；

（6）调压器根据类型、型号、规格、安装方式列项，按设计图示数量以"个"为单位计算工程量；

（7）抽水缸根据材质、规格、连接形式列项；燃气管道调长器根据规格、压力等级、连接形式列项，按设计图示数量以"个"为单位计算工程量；

（8）调压箱、调压装置根据类型、型号、规格、安装部位列项，按设计图示数量以"台"为单位计算工程量；

（9）引入口砌筑根据砌筑形式、材质、保温、保护材料设计要求列项，按设计图示数量以"处"为单位计算工程量。

8. 医疗气体设备及附件（编码：031008）

医疗气体设备及附件共设置制氧机，液氧罐，二级稳压箱，气体汇流排，集污罐，刷手池，医用真空罐，气水分离器，干燥机，储气罐，空气过滤器，集水器，医疗设备带，气体终端等14个清单项。

（1）制氧机、液氧罐、二级稳压箱、气体汇流排、集污罐根据型号、规格、安装方式列项，按设计图示数量计算工程量；

（2）刷手池根据材质、规格、附件材质、规格列项；医用真空罐根据型号、规格、安装方式、附件材质、规格列项；气水分离器根据型号、规格列项；干燥机、储气罐、空气过滤器、集水器根据规格、安装方式列项，按设计图示数量计算工程量；

（3）医疗设备带根据材质、规格列项，按设计图示长度以"m"为单位计算工程量；

（4）气体终端根据名称、气体种类列项，按设计图示数量计算工程量。

9. 采暖、空调水工程系统调试（编码：031009）

采暖、空调水工程系统调试共包括采暖工程系统调试、空调水工程系统调试2个清单项，按照系统形式、采暖（空调水）管道工程量列项，按照采暖工程系统或空调水工程系统以"系统"为单位计算工程量。

3.4.2 给排水、采暖、燃气工程定额应用

《2012北京市安装工程预算定额》第十册《给排水、采暖、燃气工程》，包括室外管道、室内管道、燃气管道、支架、套管及其他、阀门及管道附件、卫生器具、采暖器具、采暖给排水设备、燃气设备器具及附件、医疗气体设备及附件、措施项目费用等共11章906个子目。

第十册《给排水、采暖、燃气工程》主要依据《安装工程量计算规范2013》附录K给排水、采暖、燃气工程设置章节项目。其中，附录K给排水、采暖、燃气中管道安装包含室外管道、室内管道和燃气管道，但本册定额分别按室外管道、室内管道和燃气管道设置定额章，在编制清单项目时注意与定额项目配合使用。

本节内容适用于新建、扩建项目中的一般生活给水、排水、采暖、空调水、燃气等生活用管道及附件配件的安装，小型容器制作安装，生活给水设备、医疗气体设备及附件安装。不适用于修缮、消防、工业管道、中高压管道、泵站机房管道及大口径室外管道工程。

（1）本册管道界限划分

1）室内外生活管道：①采暖、给排水管道：室内、外管道均以建筑物外墙皮 1.5m 为界。②燃气管道：地下引入室内的管道以室内第一个阀门为界；地上引入室内的管道以墙外三通为界。

2）与工业管道的界限：与工业管道界线以锅炉房、泵房、空调、制冷机房（站）或热力站外墙皮为界，高层建筑内的加压泵间管道的界线，以泵间外墙皮为界。

3）与市政管道界限：本册与市政管道工程划分以管道管径为界，室外管道公称直径 ≤ 125mm、管外径 ≤ 133mm，执行本册定额；室外管道公称直径 > 125mm、管外径 > 133mm，执行《市政工程预算定额》相应项目。

（2）系统调试费计取

1）采暖工程系统调试费，按采暖工程人工费的 14% 计算，其中人工费占 25%；

2）空调水工程系统调试费，按空调水工程人工费的 15% 计算，其中人工费占 25%；

3）系统调试费中的人工费应作为计取措施项目费用的基数。

（3）有关规定

1）本定额均不包括施工、试验、空载、试车用水和用电，已含在《房屋建筑与装饰工程预算定额》相应项目中。带负荷试运转、系统联合试运转及试运转所需油（油脂）、气等费用，由发承包双方另行计算。

2）设置于管道井、封闭式管廊内的管道、阀门、法兰、支架安装，人工乘以系数 1.2。

（4）以下内容执行其他册相应定额：

1）工业管道、生产生活共用管道、站（泵、机）房、锅炉房内设备配管均执行《工业管道工程》相应项目。

2）室外管道公称直径 > 125mm、管外径 > 133mm，均执行《市政工程预算定额》相应项目。

3）刷油、防腐蚀、绝热工程，执行《刷油、防腐蚀、绝热工程》相应项目。

4）埋地管道挖填土方、基底处理、填砂等工程，执行《房屋建筑与装饰工程预算定额》相应项目；暖气沟、各类井砌筑工程，执行《构筑物工程预算定额》相应项目。

5）本定额设备安装未包括基础浇筑及二次灌浆，基础浇筑执行《房屋建筑与装饰工程预算定额》相应项目；二次灌浆执行《静置设备与工艺金属结构制作安装工程》相应项目。

1. 室外管道

室外管道包括室外钢管、球墨铸铁管、塑料管、复合管安装，直埋保温管埋设及室外热源管道碰头等共九节 67 个子目，适用于室外生活用给水、排水、雨水、采暖等管道的安装。

（1）工程量计算规则

1）管道按设计图示管道中心线以长度计算；不扣除管件、阀门及附件所占长度。

2）管件安装，按设计图示数量计算。

（2）计价注意事项

1）注意室内外管道的分界，在测量外线管道时，应减除室内管道所占用的 1.5m 以内的工程量。

2）注意室外管道与市政管道的分界，应分别执行各自的计算规则。

3）定额已包括了管道及管件安装、撖弯、试水冲洗或灌水试验的工作内容，不得再套用其他册管件安装、撖弯、试水冲洗或灌水试验的定额项目。

4）管道计算时应按设计要求，增加方形伸缩器的两臂长。

5）在套用定额时，应注意定额含量中是否包括管件材料费，可以按附录参考量计算，也可以按图示计算。当按图示数量计算时，应注意增加 1% 损耗量。

6）管件的材料单价如果按图示管件计算，应按相应市场价计算；如按附录计算，其管件价格应为加权平均的综合单价。

7）室外热源管道碰头项目为不带介质碰头，即断水作业，不带压力。另外，应注意每处包括了供水和回水两个接头，不应重复套用。

8）在计算采暖管道时，注意采暖入口设计的位置。当距墙 1.5m 以内时，应计算在室内；反之，则计算在室外。

9）室外管道如果采用法兰连接，可执行《工业管道工程》法兰连接定额。

10）室外管道若采用沟槽连接，可执行《消防工程》相应子目。

2. 室内管道

室内管道包括室内钢管、不锈钢管、铜管、铸铁管、塑料管及复合管安装等共十节 134 个子目，适用于室内生活用给水、排水、雨水、采暖、空调水管道等的安装。管道安装不分架空、地沟和埋地敷设（注明者除外），均执行同一子目。

（1）工程量计算规则

1）管道、设备支架制作安装以千克计量，按设计图示质量计算；成品管卡以设计图示数量计算。设备支架制作、安装按每组支架重量执行相应子目。

2）套管均按设计图示数量计算。按主管道管径，分规格执行相应子目。

3）阻火圈按主管道管径，分规格以设计图示数量计算。

4）预留孔洞分部位，按孔洞周长以设计图示数量计算。

5）堵洞眼按洞口填堵体积计算。

6）管道消毒冲洗、通球试验分规格，以设计图示长度计算。

（2）计价注意事项

1）镀锌钢管安装（螺纹连接）、焊接钢管（螺纹连接）和给水塑料管安装（粘接）项目，为完全价，即包括管道、管件安装和试水冲洗的工作内容，给水塑料管安装（粘接）还包括管卡安装。

2）镀锌钢管（焊接）、焊接钢管（焊接）、无缝钢管（焊接）、不锈钢管（卡压、环压连接）、铜管（卡压、环压连接）、给水塑料管（热熔连接）、给水塑料管埋地敷设（热熔连接）、钢塑复合管（螺纹连接）及铝塑复合管（管件连接）项目预算单价为不完全价，包含了管道安装和试水冲洗的工作内容，定额中均已包括管件安装，但不包括管件本身价值。管件含量可参考附录管件含量表计算，也可依据设计图纸用量计算。

3）不锈钢管、铜管采用环压连接时，环压密封圈按设计图纸用量加 3% 损耗另计入材料费。

4）塑料管安装定额中所综合的接头零件均为与管道同材质管件，不包括各类钢（铜）塑转换接头，可另行计算材料费。

5）给水塑料管埋地敷设项目，适用于给水管道埋地敷设，若采用地面沟槽内埋设，也执行本项目，但留槽、保温材料填充等费用应另行计算。

6）管道若采用沟槽连接时，执行《消防工程》相应子目。

7）管道安装定额中均已包括水压试验及水冲洗，若设计要求管道进行消毒冲洗时，执行"管道消毒冲洗"相应子目。

8）管道安装定额中均不包括预留孔洞、（打）堵洞眼、（剔）堵管槽等工作内容，若发生时应另行计算,分别执行"支架、套管及其他"或《电气设备安装工程》相应子目。

9）给水支管安装形式分为明装、墙内暗装及地埋暗装，其中地埋暗装的塑料管执行室内给水塑料管埋地敷设，其他连接形式的管道均不分明装、暗装，执行同一定额。

10）定额中包括排水塑料管所设伸缩节安装，但不含伸缩节价格；阻火圈或防火套管另计相应定额。

11）管道安装定额中均已包括闭水试验，若管道进行通球试验时，执行"管道通球实验"相应子目。

12）管道支架制作安装，当支架单组重量大于 50kg 时，执行"设备支架制作安装"相应子目。

【例题】图 3-3 所示为三种同管径、不同材质管道的平面图。从起点 A 到终点 B 之间的距离为 20m，计算图中三种情况的管道安装工程量。

【解析】图 3-3（a）中的 DN40 镀锌钢管（丝接）通常为 6m 一根，需用 4 根管，3 个管箍相连接，但不扣除管件所占长度，所以工程量为 20m。

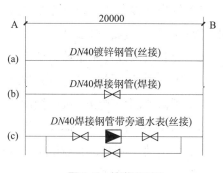

图 3-3　管道平面图

图 3-3（b）中的 DN40 焊接钢管，安装了一个阀门，但不扣除阀门所占长度，其工程量为 20m（阀门工程量应另行计算）。

图 3-3（c）中的 DN40 焊接钢管带旁通水表（丝接）的工程量为 20m（旁通管应按相应图集计算其长度）。

3. 燃气管道

燃气管道包括室外防腐钢管、塑料管，室内镀锌钢管、无缝钢管安装等共三节 60 个子目，适用于城镇居民住宅、公共建筑、燃气锅炉房、实验室及使用城镇燃气的工业企业等用户且工作压力不大于 0.4MPa 的室内外中、低压燃气管道，不适用高压燃气管道、生产燃气管道和市政燃气管道。

（1）工程量计算规则

1）管道按设计图示管道中心线以长度计算；不扣除管件、阀门及附件所占长度。

2）管件安装，按设计图示数量计算。

（2）计价注意事项

1）室外防腐钢管安装（敷设）、防腐管件安装定额中均不包括接口处现场防腐；接口防腐费用另行计算或在防腐钢管报价中考虑。

2）聚乙烯管道及管件安装，不分低、中压，按连接形式及规格执行相应子目。

3）钢塑转换接头安装，不论焊接、法兰连接均执行同一子目；法兰及螺栓另计材料费，螺栓含量按设计图纸用量并计取 3% 损耗。

4）聚乙烯管件连接项目，适用于聚乙烯材质三通、弯头、管堵、变径等各种管件连接。

5）室内镀锌钢管（螺纹连接）定额中包括管卡安装，不得另计；室内无缝钢管（焊接）定额不包括管道支架制作安装，工程量应另行计算。

4. 支架、套管及其他

支架、套管及其他包括管道、设备支吊架、套管制作安装，阻火圈、成品管卡安装，预留孔洞、堵洞眼、管道消毒冲洗、通球试验等共八节 96 个子目。

（1）工程量计算规则

1）管道、设备支架制作安装以千克计量，按设计图示质量计算；成品管卡以设计图示数量计算；设备支架制作、安装按每组支架重量执行相应子目。

2）套管均按设计图示数量计算。按主管道管径，分规格执行相应子目。

3）阻火圈按主管道管径，分规格以设计图示数量计算。

4）预留孔洞分部位，按孔洞周长以设计图示数量计算。

5）堵洞眼按洞口填堵体积计算。

6）管道消毒冲洗、通球试验分规格，以设计图示长度计算。

（2）计价注意事项

1）《安装工程量计算规范 2013》附录 K.1 的工作内容中包括了管道消毒冲洗和通球试验，而本册定额单独列项。

2）管道支架若采用木垫式管架、弹簧式管架时，防腐木垫、弹簧减振器价值另计。

3）管道支架单组质量大于50kg时，参照"设备支架"相应子目。

4）预留孔洞、堵洞眼项目，适用于管道穿墙、楼板不做套管的情况。套管安装定额均包括预留孔洞、堵洞眼工作内容，不得另计；套管内的填料按油麻编制，可以换算。

5）保温管道穿墙、板采用套管时，按保温层外径规格执行定额。

6）预留孔洞不适用于后剔凿、打洞的情况。

7）定额中消毒冲洗、通球试验定额中均已包括临时泵、给水管线、盲板及阀门等材料摊销费用，不包括管道之间串通临时管、管道排放口至排放点临时管线的敷设，应另行计算。

【例题】如图3-4所示，某设备支架采用等边角钢和钢板制作，要求制作完成后刷两道防锈漆，两道调和漆。计算支架及其刷油工程量，并编制分部分项工程量清单计算（不计刷漆量）。

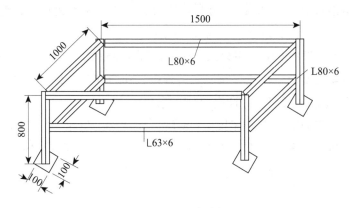

图 3-4　设备支架

【解析】工程量计算：

（1）计算角钢长度

$L80 \times 6$：$(1.5+1) \times 2 + 0.8 \times 4 = 8.2$（m）

　　　　$L63 \times 6$：$(1.5+1) \times 2 = 5$（m）

（2）计算角钢重量。查材料换算手册有：

$8.2 \times 7.38 + 5 \times 5.72 = 89.116$（kg）

计算钢板重量。查材料换算手册有：

$0.1 \times 0.1 \times 0.004 \times 4 \times 7850 = 1.256$（kg）

计算设备支架总重量

$89.116 + 1.256 = 90.372$（kg）

分部分项清单见表3-4。

分部分项工程量计算清单   表 3-4

序号	项目编码	项目名称	项目特征	计量单位	工程数量	综合单价	合价
1	031002002	设备支架	材质：型钢； 形式：制作安装	kg	90.372		
2	031201003	金属结构刷油	1. 油漆品种：防锈漆、调和漆； 2. 结构类型：焊接； 3. 刷漆遍数：2 道	m²	不计算		

【例题】管道穿地下室或地下构筑物外墙的，应装设防水套管。对有严格防水要求的建筑物，必须采用柔性防水套管。管道穿过墙体和地面的，应设置金属或塑料套管。套管根据不同形式，均以主管道规格列项。根据图 3-5 所示的给水系统，计算管道穿过地面所用刚性防水套管及穿过楼板所用一般填料套管的清单工程量。

【解析】由图 3-5 可知，套管的清单工程量如下：

刚性防水套管：DN50，1 个（立管穿过地面处）。

一般填料套管：DN50，1 个（立管穿过标高 3m 的楼板处）。

一般填料套管：DN40，1 个（立管穿过标高 6m 的楼板处）。

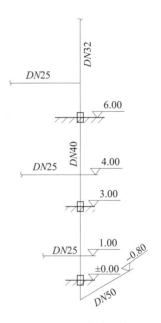

图 3-5　给水系统

5. 阀门及管道附件

阀门及管道附件包括阀门、除污器、补偿器、软接头、水表、热量表、倒流防止器安装等共十一节 193 个子目，阀门安装适用于生活用各种系统的常见低压阀门安装，不适于工业管道和中、高压的阀门安装；管道附件适用于各种管道的除污器、补偿器、软接头、水表、热量表、倒流防止器安装。

（1）工程量计算规则

1）各种阀门及管道附件均按设计图示数量计算。

2）各种阀门按连接形式、分规格计算；减压阀按高压侧规格套用定额。

3）法兰阀（带短管甲乙）分规格计算。

4）除污器、波纹（套筒）补偿器、软接头按连接方式、分规格计算。

5）方形伸缩器按加工方法、分规格计算。

6）倒流防止器组成与安装、热量表、水表分规格、型号计算。

7）水表箱、热量表箱按箱体外框尺寸计算。

（2）计价注意事项

1）过滤器安装应按连接形式执行阀门安装，其人工乘以系数 1.2；疏水阀、减压阀安装应按连接形式执行阀门安装。

2）水表安装项目适用于冷、热水表安装。螺纹连接水表定额中包括表前阀门，不得另计；法兰连接水表定额中仅包括水表安装，阀门及其他附件另行计算。

3）户用热量表、采暖入口热量表安装不分形式，适用于一体化热量表和远传式热量表，两侧阀门及附件另行计算。

4）远传式水表、热量表安装项目不包括电气接线及调试，执行《电气设备安装工程》相应子目。

5）倒流防止器组成与安装项目按不带旁通管编制，旁通管应另行计算；若设计图示组成与定额不同时，阀门、过滤器及软接头数量可按设计用量进行调整，其他不变。

6. 卫生器具

卫生器具包括各种卫生器具、大便槽自动冲洗水箱安装，小便槽自动冲洗管制作安装、给排水附件安装等共十四节 93 个子目。

（1）工程量计算规则

1）各种卫生器具均按设计图示数量以"组"计算；成品器具分类型、组装形式执行相应子目。

2）小便槽冲洗管按设计图示长度计算。

3）大、小便槽自动冲洗水箱按容积以设计图示数量以"组"计算。

4）水嘴等附件分材质、规格以设计图示数量以"个""组"计算。

（2）计价注意事项

1）卫生器具安装定额中所包含的材料中，卫生洁具均按未计价材料编制，给排水配件均是按成套计算的。

2）卫生器具安装中包括阀门、软管、水嘴的，不得重复计算。

3）与给水管连接的管件不包括在定额内；下水接口的排水管道按塑料管编制，若与定额不符时，可以换算相应材料。

4）脚踏开关卫生器具安装项目均包括弯管、喷头、脚踏控制阀等的安装用工和材料。

5）内容适用于各种卫生器具安装，定额中均不含上、下水支管的连接（注明者除外）。

7. 采暖器具

采暖器具包括铸铁散热器组成与安装，成品散热器、暖风机、热媒集配器安装，光排管散热器、集气罐制作安装及地板采暖管铺设等共七节 61 个子目。

（1）工程量计算规则

1）各类型散热器均按设计图示数量计算。其中铸铁散热器分种类、安装形式执行相应子目；钢制散热器分种类、安装形式、规格执行相应子目。

2）光排管散热器按设计图示排管长度计算。

3）地板采暖管铺设以平方米计量按设计图示采暖房间净面积计算；如为区域采暖时，以敷设采暖管区域的实际面积计算，若卫生间设置浴缸，应扣除浴缸所占面积。

4）热媒集配器、暖风机、集气罐均按设计图示数量计算。

①热媒集配器按分支以组计算；

②集气罐制作安装按罐体直径计算。

【例题】某工程采暖立支管平面布置如图3-6所示。选用铸铁四柱813型散热器：首层12片、2~4层10片。散热器安装在窗的中心，支管管径均为 DN20。计算本立管1~4层支管清单工程量。

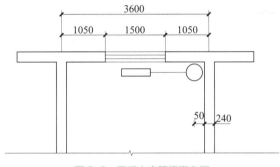

图 3-6　采暖立支管平面布置

【解析】查有关图集或样本可知，铸铁四柱813型散热器每片厚度为60mm。

（1）按工程量计算规则计算首层散热器支管长度

首层供水支管长度为：1.05+1.5÷2-0.12-0.05-0.06×12÷2=1.27（m）

首层回水支管长度与供水支管长度相同，即：1.27（m）

首层供回水支管长度为 2×1.27=2.54（m）

（2）2~4层散热器支管长度

（1.05+1.5÷2-0.12-0.05-0.06×10÷2）×2×3=7.98（m）

（3）1~4层支管总长度

2.54+7.98=10.52（m）

（2）计价注意事项

1）注意地板采暖管工程量计算规则与《安装工程量计算规范2013》的区别，地板采暖管工程量定额计算规则敷设以"m²"计量、按设计图示采暖房间净面积计算；为区域采暖时，以敷设采暖管区域的实际面积计算；若卫生间设置浴缸，应扣除浴缸所占面积。

2）《安装工程量计算规范2013》热媒集配器按"台"计量；本定额热媒集配器以分水器出口的分支管路数量划分子目，按分支形式以"组"计量，工作内容中包括一个分水器、一个集水器的安装及与进出水管连接；热媒集配器装置中的阀门、过滤器等附件另行计算。

3）各类型散热器不分明装或暗装，均按类型分别计算。柱型铸铁散热器包括拉条，不得另计。铸铁散热器组成与安装定额已综合考虑散热器托架和拉条制作安装，不得另计。铸铁成品散热器安装项目不分挂装和落地安装。若采用落地安装，其支座按随主材配备考虑，其价格含在散热器中。

4）散热器若安装在内保温复合墙或不承重内隔墙上时，所用型钢底架另行计算材料费，其他不变。

5）板式、柱式、翅片管散热器的配件及托架按随主材配备考虑，其价格含在散热器中，翅片管散热器安装项目已包括防护罩安装，其本身价值另计；板式、扁管式散热器安装不分是否带对流片，均按形式、规格执行相应子目。板式、壁板式散热器已计算了托钩的安装人工和材料，如主材料不包括托钩，托钩价格另行计算。

6）地板采暖管敷设项目定额中管道含量包括由分集水器出口到采暖房间的管道，工作内容中包括地面浇筑配合用工；采用铝塑复合管、聚丁烯管、聚丙烯管、聚乙烯管等作为地板采暖管道时，均执行本定额。地板采暖管敷设定额中保温层按30mm厚聚苯乙烯泡沫塑料板编制，若与设计要求不符时，可换算保温材料，其他不变。

8. 采暖、给排水设备

采暖、给排水设备包括燃气采暖炉、热水器、燃气表、灶具、调压装置、燃气过滤器及流量计安装，引入口砌筑等共九节62个子目。

（1）工程量计算规则

1）各种燃气器具、附件均按设计图示数量计算。

2）燃气器具、灶具、流量计均分形式、规格计算。

3）燃气表、燃气过滤器分规格计算。

4）调压器、调压箱、组合式调压装置分形式、规格计算。

5）引入口砌筑按进户管规格以设计图示数量计算。

（2）计价注意事项

1）定额中均未包括设备支架或底座制作安装，若采用型钢支架执行"设备支架"，若采用混凝土或砖支架执行《房屋建筑与装饰工程》预算定额。

2）定额均未包括设备本体保温，执行《刷油、防腐蚀、绝热工程》。

3）变频泵组安装项目定额包括主泵、备用泵及与其相连的阀门、软接头和集流管等附件安装。

4）气压罐安装项目定额包括设备本体及与其相连的阀门等附件安装，真空消除器、隔膜罐安装项目用于无负压给水系统，缓冲罐执行隔膜罐安装项目。

5）太阳能集热装置安装项目定额中包括底座及支架安装、与进出水管连接，其中底座及支架按设备配备考虑，进出水管另行计算。

6）地源（水源）热泵机组安装项目中接管及接管上的阀门、软接头、减振装置和基础均另行计算。

7）水箱安装不分矩形、圆形，均按水箱总容量执行同一子目。

8）定额中均未包括减振装置，执行《机械设备安装工程》。

9. 燃气设备、器具及附件

燃气设备、器具及附件包括燃气采暖炉、热水器、燃气表、灶具、调压装置、燃气过滤器及流量计安装，引入口砌筑等共九节 62 个子目。

（1）工程量计算规则

1）各种燃气器具、附件均按设计图示数量计算。

2）燃气器具、灶具、流量计均分形式、规格计算。

3）燃气表、燃气过滤器分规格计算。

4）调压器、调压箱、组合式调压装置分形式、规格计算。

5）引入口砌筑按进户管规格以设计图示数量计算。

（2）计价注意事项

1）定额工程量计算规则与《安装工程量计算规范 2013》相同。

2）燃气器具安装项目定额中包括随器具配备的燃气接管、附件及烟囱连接。

3）燃气采暖炉安装项目不分挂装、落地安装，挂装支架按随设备配备考虑。

4）燃气表安装项目定额中包括表托盘、托架制作安装，不再另计，流量在 $25m^2/h$ 以上的燃气表安装定额中不包括燃气表支座制作安装。

5）调压装置安装项目定额中不包括进出管保护台砌筑、底座砌筑，调压装置进出管及管件不包括防腐蚀内容，均另行计算。

10. 医疗气体设备及附件

医疗气体设备及附件包括制氧机、液氧罐、二级稳压箱、气体汇流排、集污罐、刷手池、医用真空罐、气水分离器、干燥机、储气罐、空气过滤器、集水器、医疗设备带及气体终端等共十四节 37 个子目。

（1）工程量计算规则

1）各种医疗设备及附件均按设计图示数量计算。

2）制氧机按氧产量、储氧罐按储液氧量计算。

3）气体汇流排按左右两侧钢瓶数量计算。

4）刷手池按水嘴数量计算。

5）医用真空罐、气水分离器、储气罐均按罐体直径计算。

6）医疗设备带以设计图示长度计算。

（2）计价注意事项

1）本定额包括了开箱检查、设备就位、安装固定、试运转等过程。但与其相连接的管道、法兰、阀门等应另执行相应定额。

2）设备安装定额，包括随本体配备的管道及附件安装；本体配备范围外的管道、附件安装，应另行计算；设备安装定额中支架、地脚螺栓按随设备配备考虑，如需现场加工，另行计算。

3）定额均不包括试压、脱脂、阀门研磨及无损探伤检验等工作内容，如设计要求应另执行《工业管道工程》相关子目。

4）系统中其他通用设备执行《设备安装工程》相关子目；如泵、风机、压缩机等。

5）管道、法兰、阀门等执行《工业管道工程》相关子目。

6）设备的刷漆、保温、防腐蚀执行《刷漆、绝热、防腐蚀工程》相关子目。

7）设备的二次灌浆执行《静止设备与工艺金属结构制作安装工程》定额相关子目。

8）设备电气接线执行《电气设备安装工程》相关子目。

3.4.3 给排水工程算例

【例题】如图 3-7 所示为某厨房给水系统部分管道，采用镀锌钢管，螺纹连接，试求其中的镀锌钢管清单工程量（螺纹连接钢管，项目编号 031001001；计量单位：m）。

填写工程量清单计算表（表 3-5），并写出计算式（15 分）。

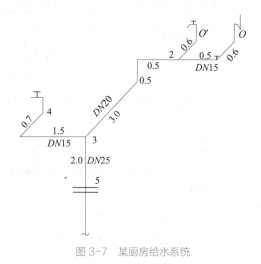

图 3-7 某厨房给水系统

工程量清单计算表   表 3-5

序号	项目编码	项目名称	项目特征	计量单位	工程量	计算公式
1	031001001001	给水管		m		
2	031001001002	给水管		m		
3	031001001003	给水管		m		

【解析】DN25：2.0m（节点 3 到节点 5）；

DN20：3+0.5+0.5（节点 3 到节点 2）=4m；

DN15：1.5+0.7（节点 3 到节点 4）+0.5+0.6+0.6（节点 2 到节点 O'，节点 2 到 1 再到 O）3.9m。

本章小结

（1）给排水安装工程中常用到的管材按材质不同分为金属管和非金属管两类。金属管包括无缝钢管、焊接钢管、镀锌钢管、铸铁管、铜管、不锈钢管等；非金属管包括混凝土管、塑料管、复合管、承插水泥管等。管道安装一般应先主管后支管、先上部后下部、先里后外进行安装。干管安装的连接方式有螺纹连接、承插连接、法兰连接、粘接、焊接、热熔连接等。

（2）《安装工程量计算规范2013》附录K给排水、采暖、燃气工程的内容，主要内容包括给排水、采暖、燃气管道，支架及其他，管道附件，卫生器具，供暖器具，采暖、给排水设备，燃气器具及其他，医疗气体设备及附件以及采暖、空调水工程系统调试。

（3）给水管道室内外界线划分：以建筑物外墙皮1.5m为界，入口处设阀门者以阀门为界。排水管道室内外界线划分：以出户第一个排水检查井为界。采暖管道室内外界线划分：以建筑物外墙皮1.5m为界，入口处设阀门者以阀门为界。燃气管道室内外界线划分：地下引入室内的管道以室内第一个阀门为界，地上引入室内的管道以墙外三通为界。

思考题

1. 给排水、采暖及燃气工程量计算时，如何划分室内外管道和市政管道界限？
2. 给排水管道连接方式主要有哪些？
3. 给排水、采暖及燃气工程量的计算，包括哪些内容？通常采用什么计算顺序？
4. 试述给排水管道附件中常用阀及其功能。

4

建筑消防工程

学习要点：

（1）建筑消防工程的设备及安装工艺，主要包括水灭火系统、气体灭火系统、泡沫灭火系统、火灾自动报警系统、消防系统调试。

（2）建筑消防工程主要图例识别及识图方法。

（3）建筑消防工程的工程量计算规范以及2012北京市预算定额消防工程的应用。

4.1　消防工程概述

消防即预防和解决人们在生活、工作、学习过程中遇到的人为、自然、偶然灾害的总称，书中的消防为狭义上的认识，扑灭火灾，保护人身与财产安全。消防系统按照灭火介质的不同分为水灭火系统、气体灭火系统、干粉灭火系统、泡沫灭火系统，如图4-1所示。

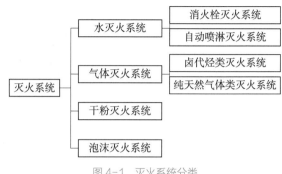

图 4-1　灭火系统分类

水灭火系统是以水为灭火介质的消防系统，是应用最广泛的灭火系统，有消火栓系统和自动喷水灭火系统两大类。消火栓系统由水枪、水龙带、消火栓、消防管道和水源组成。自动喷水灭火系统根据适用范围不同可分为：湿式喷水灭火系统，干式喷水灭火系统，预作用系统，雨淋系统，水幕系统。

气体灭火系统指以气体作为灭火介质喷射火源达到灭火目的的系统。气体灭火系统按照灭火剂类型主要分为卤代烃类灭火系统和纯天然气体类灭火系统，该系统主要应用于不适于水灭火系统及其他灭火系统的环境，如通信机房、精密设备室、计算机房、图书馆、档案室等。

干粉灭火系统是将干粉供应源输送管道连接到固定的喷嘴上，然后以氮气或二氧化碳气体为动力，推动筒内干粉剂，使喷嘴喷放干粉的灭火系统（图4-2）。按照充装

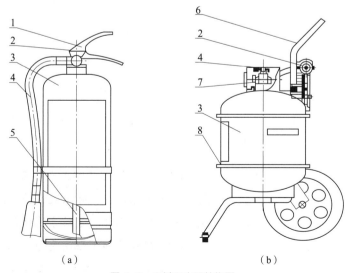

（a）　　　　　　　　　　（b）

图 4-2　干粉灭火器结构图

1—虹吸管；2—喷筒总成；3—筒体总成；4—保险装置；5—器头总成；6—车架总成；7—器头总成；8—防护圈

干粉灭火剂的种类可以分为：①普通干粉灭火器；②超细干粉灭火器；按照移动方式可以分为手提式、背负式和推车式三种。干粉灭火器主要用于扑救石油、有机溶剂等易燃液体、可燃气体和电气设备的初期火灾。

泡沫灭火系统是指泡沫灭火剂与水按照一定比例混合，经泡沫产生装置产生灭火泡沫的灭火装置。它由消防水泵、消防水源、泡沫灭火剂储存装置、泡沫比例混合装置、泡沫产生装置及管道组成。按发泡倍数分低倍数泡沫灭火系统、中倍数泡沫灭火系统、高倍数泡沫灭火系统；按安装方式分固定式、半固定式泡沫灭火系统、移动式泡沫灭火系统。泡沫灭火系统主要用于扑救原油、汽油、甲醇、丙酮、煤油、柴油等 B 类的火灾，适用于炼油厂、化工厂、油田、油库、为铁路油槽车装卸油的码头、机场等。

4.2 消防工程主要设备介绍与施工

4.2.1 消防工程主要设备介绍

消防工程主要设备包括：喷头、报警装置、水流指示器、减压孔板、末端试水装置、集热板、消火栓、消防水泵接合器、灭火器及消防水炮。

（1）喷头。喷头是在火灾发生时，开启出水进行灭火的配件。按喷水口有无堵水支撑可分为闭式喷头、开式喷头或水幕喷头；按安装形式可分为吊顶型和无吊顶型。闭式喷头有易熔合金锁片喷头和玻璃球洒水喷头。

（2）报警装置。报警装置由闭式喷头、水流指示器、湿式自动报警阀组、控制阀及管路系统、供水设施等组成，主要有湿式报警装置、干式报警装置及其他报警装置等。

（3）水流指示器。水流指示器是一种常用于湿式灭火系统中做电报警和区域报警用设施。按安装基座一般可分为法兰式、鞍式和管式。

（4）减压孔板。减压孔板能够均衡各层管段的水流量，降低底层的自动喷水灭火设备和消火栓的出口压力及出口流量。在有多层喷水管网上下层的喷头流量各不相同时，可减少不必要的浪费。

（5）末端试水装置：末端试水装置安装在自动喷水系统末端，是一种用于检测系统总体功能的一种检测试验装置。末端试水装置应由试水阀、压力表及试水接头组成。

（6）集热板。集热板的设置就是为了解决喷头距顶板过高的问题。当火灾发生时，如果喷头安装距顶板距离过大，将延缓喷头开启的时间，就会对灭火非常不利。

（7）消火栓。消火栓分为室内、室外消火栓。室内消火栓是具有内扣式接口的球形阀式龙头，一端与消防竖管相连，另一端与水带相连。当火灾发生时，消防水箱通过室内消火栓给水管网到供给水带，经水枪喷射出有压水流进行灭火。室内消火栓安装分明装、暗装和普通式、自救卷盘式。室外消火栓通常分为地上式消火栓和地下式消火栓两种。

（8）消防水泵接合器。消防水泵接合器是为连接消防车、移动水泵加压向室内管网输送消防用水的消防设施。当室内消防泵因检修、停电、发生故障或室内消防用水量不足时，需要利用消防车从室外消火栓、消防水池或天然水源取水，通过水泵接合器向室内消防管网供水灭火。分地下式、墙壁式安装。

【例题】当室内消防用水量不能满足消防要求时，消防车可通过水泵接合器向室内管网供水灭火，水泵接合器的设置场合应为（   ）。（多选）

A. 高层民用建筑   B. 超过六层的其他多层民用建筑

C. 高层工业建筑   D. 超过三层的多层工业建筑

【答案】AC

【解析】本题考查的是消防工程施工技术。超过 4 层的厂房和库房，超过 5 层的民用建筑，高层建筑等都要设置消防水泵接合器。

（9）灭火器。灭火器是使用范围最广的灭火器具，无需安装、调试、使用方便，可达到快速灭火要求。按码放形式可分为手提式灭火器和推车式灭火器；按充装的灭火剂分为干粉型灭火器、泡沫灭火器。

（10）消防水炮是一种以水作介质，远距离扑灭火灾的灭火设备，可用于灭火、冷却、隔热和排烟等消防作业，包括便携式可折叠移动消防水炮、自动扫描射水高空水炮、固体消防水炮。

【例题】具有冷却、乳化、稀释等作用，且不仅可用于灭火，还可以用来控制火势及防护冷却的灭火系统为（   ）。

A. 自动喷水湿式灭火系统 B. 自动喷水干式灭火系统

C. 水喷雾灭火系统   D. 水幕灭火系统

【答案】C

【解析】用途：由于水喷雾具有的冷却、窒熄、乳化、稀释作用，使该系统的用途广泛，不仅可用于灭火，还可用于控制火势及防护冷却等方面。

4.2.2 消防工程主要系统安装

1. 消火栓系统安装施工

（1）管径小于或等于 100mm 的镀锌钢管应采用螺纹连接，套丝扣时破坏的镀锌层表面及外露螺纹部分应做防腐处理；管径大于 100mm 的镀锌钢管应采用法兰或卡套式专用管件连接，镀锌钢管与法兰的焊接处应二次镀锌。

（2）消火栓安装时栓口朝外，并不应安装在门轴侧。

（3）室内消火栓安装完成后，应取屋顶层（或水箱间内）试验消火栓和首层两处消火栓做试射试验，达到设计要求为合格。

（4）室内消火栓给水管道，管径不大于 100mm 时，宜采用热镀锌钢管或热镀锌无缝钢管，管道连接宜采用螺纹连接、卡箍（沟槽式）管接头或法兰连接；管径大于 100mm 时，采用焊接钢管或无缝钢管，管道连接宜采用焊接或法兰连接。

（5）消防水泵接合器和消火栓的位置标志应明显，栓口的位置应便于操作。当消防水泵接合器和室外消火栓采用墙壁式时，如设计未要求，进、出水栓口的中心安装高度距地面应为 1.10m，其上方应设有防坠落物打击的措施。

（6）系统安装完毕后必须进行水压试验，试验压力为工作压力的 1~5 倍，但不得小于 0.6MPa。试验时在试验压力下 10min 内压力降不大于 0.05MPa，然后降至工作压力进行检查，压力保持不变，不渗不漏，水压试验合格。

（7）末端试水装置的安装要求每个报警阀组控制的最不利点喷头处，应设末端试水装置。其他防火分区、楼层的最不利点喷头处，均应设置直径为 25mm 的试水阀。

【例题】根据水灭火系统工程量计算规则，末端试水装置的安装应包括（　　）。（多选）

A. 压力表安装　　　　　　　　　B. 控制阀等附件安装

C. 连接管安装　　　　　　　　　D. 排水管安装

【答案】AB

【解析】本题考查的是消防工程施工技术。末端试水装置，包括压力表、控制阀等附件安装。末端试水装置安装不含连接管及排水管安装，其工程量并入消防管道。

2. 自动喷水灭火系统安装施工

（1）消防水泵的出口管上应安装止回阀、控制阀和压力表或安装控制阀、多功能水泵控制阀和压力表；系统的总出水管上还应安装压力表和泄压阀。

（2）消防气压罐的容积、气压、水位及工作压力应满足设计要求；给水设备安装位置、进出水管方向应符合设计要求；出水管上应设止回阀，安装时其四周应设检修通道。

（3）减压孔板应设置在管径为 50mm 及 50mm 以上的水平管道上；孔板安装在管道内水流转弯处下游一侧的直管上，且与转弯处的距离不应小于管道公称直径的两倍；孔口直径不应小于安装管段直径的 50%。

（4）喷头安装应在系统试压、冲洗合格后进行。安装时不得对喷头进行拆装、改动，并严禁给喷头附加任何装饰性涂层。喷头安装应使用专用扳手，严禁利用喷头的框架施拧；喷头的框架、溅水盘产生变形或释放原件损伤时，应采用规格相同的喷头更换。

（5）集热板要求采用金属板制作，形状为圆形或正方形，其平面面积不小于 0.12m^2。为有利于集热，要求集热板的周边向下弯边，弯边的高度要与喷头测水盘平齐。

（6）报警阀的安装应在供水网试压、冲洗合格后进行。安装时先安装水源控制阀、报警阀，然后进行报警阀辅助管道的连接。水源控制阀、报警阀与配水干管的连接应使水流方向一致。安装报警阀组的室内地面应有排水设施。

4.3　消防工程主要图例及识图方法

4.3.1　消防工程主要图例符号

消防工程主要图例符号见表 4-1。

消防工程常用图例   表 4-1

名称	图形	名称	图形
消防控制中心		火灾报警装置	
温感探测器		感光探测器	
手动报警装置		烟感探测器	
气体探测器		报警电话	
火灾警铃		火灾声光报警器	
消火栓启泵按钮		火灾光信号装置	
平面室内单口灭火栓		平面室内双口灭火栓	
室外消火栓		手提式灭火器	
推车式灭火器		系统闭式自动上喷头	
水泵接合器		系统闭式自动上下喷头	
系统闭式自动下喷头		系统开式自动喷洒头	
系统室内单口灭火栓		系统室内双口灭火栓	
箱装式灭火器		遥控信号阀	
自动喷洒头（闭式）－上下喷－平面		侧墙式喷头－平面	
雨淋阀－平面		雨淋阀－系统	
湿式报警阀平面图		湿式报警阀系统图	
水力警铃		水流指示器	
水炮		预作用报警阀系统图	

4.3.2 消防给水工程平面图识图方法及步骤

建筑消防给水工程平面布置图主要反映下列内容：

（1）消防给水管道走向与平面布置。管材的名称、规格、型号、尺寸、管道支的平面位置。

（2）消防设备的平面位置，引用大样图的索引号，立管位置及编号。通过平面图，可以知道立管等前后、左右关系、相距尺寸。

（3）管道的敷设方式、连接方式、坡度及坡向。

（4）管道剖面图的剖切符号、投影方向。

（5）底层平面图应有引入管、水泵接合器等，以及建筑物的定位尺寸、穿建筑物外墙管道的标高、防水套管型式等，还应有指北针。

（6）消防水池、消防水箱的位置与技术参数，消防水泵、消防气压罐的位置、型式、规格与技术参数。

（7）自动喷水灭火系统中的喷头型式与布置尺寸、水力警铃位置等。

（8）当有屋顶水箱时，屋顶给水排水平面图应反映出水箱容量、平面位置、进出水箱的各种管道的平面位置、管道支架、保温等内容。

建筑消防给水工程平面布置图识读时要查明消火栓的布置、口径大小及消防箱的型式与位置，消火栓一般装在消防箱内，但也可以装在消防箱外面。当装在消防箱外面时，消火栓应靠近消防箱安装。消防箱底距地面1.10m，有明装、暗装和单门、双门之分，识图时都要区分清楚。

4.4 消防工程计量与计价

4.4.1 消防设备安装工程工程量计算规范

本节内容对应《安装工程量计算规范2013》附录J消防工程，适用于工业与民用消防安装工程，共有5个分部、52个分项工程（表4-2）。

根据建筑物的性质、功能及燃烧物特性，可以使用水、泡沫、干粉、气体（二氧化碳等）等作为灭火剂来扑灭火灾。通常将火灾划分为以下四大类：A类火灾：木材、布类、纸类、橡胶和塑胶等普通可燃物的火灾；B类火灾：可燃性液体或气体的火灾；C类火灾：电气设备的火灾；D类火灾：梆、纳、镜等可燃性金属或其他活性金属的火灾。

附录J主要内容　　　　　　　　　　　　　表4-2

编码	分部工程名称	编码	分部工程名称
030901	J.1 水灭火系统	030904	J.4 火灾自动报警系统
030902	J.2 气体灭火系统	030905	J.5 消防系统调试
030903	J.3 泡沫灭火系统		

1. 水灭火系统（编码：030901）

水灭火系统共包括水喷淋钢管、消火栓钢管、水喷淋（雾）喷头、报警装置、温感式水幕装置、水流指示器、减压孔板、末端试水装置、集热板制作安装、室内消火栓、室外消火栓、消防水泵接合器、灭火器、消防水炮共 14 个分项工程。

（1）水喷淋钢管、消火栓钢管根据安装部位、材质、规格、连接形式等列项，按设计图示管道中心线以长度计算工程量；

（2）水喷淋（雾）喷头根据安装部位、材质、型号、规格、连接形式等列项，按设计图示数量计算工程量；

（3）报警装置、温感式水幕装置按照型号、规格等列项，按设计图示数量计算工程量，计量单位为组；

（4）水流指示器、减压孔板按照规格、连接形式等列项，按设计图示数量计算工程量；

（5）末端试水装置按照规格、组装形式列项，按设计图示数量计算工程量，计量单位为组；

（6）集热板制作安装按照材质、支架形式列项，按设计图示数量计算工程量；

（7）室内消火栓、室外消火栓、消防水泵接合器按照型号、规格、附件材质规格等列项，按设计图示数量计算工程量，计量单位为套；

（8）灭火器按照形式、规格、型号列项，按设计图示数量计算工程量，计量单位为具（组）；

（9）消防水炮按照水炮类型、压力等级、保护半径列项，按设计图示数量计算工程量，计量单位为台；

（10）水灭火系统工程量清单中应该注意：

1）水灭火管道工程量计算，不扣除阀门、管件及各种组件所占长度以延长米计算。

2）水喷淋（雾）喷头安装部位应区分有吊顶、无吊顶。

3）报警装置适用于湿式报警装置、干湿两用报警装置、电动雨淋报警装置、预作用报警装置等报警装置安装。报警装置安装包括装配管（除水力警铃进水管）的安装，水力警铃进水管并入消防管道工程量。

4）温感式水幕装置，包括给水三通至喷头、阀门间的管道、管件、阀门、喷头等全部内容的安装。

5）末端试水装置，包括压力表、控制阀等附件安装。末端试水装置安装中不含连接管及排水管安装，其工程量并入消防管道。

6）室内消火栓，包括消火栓箱、消火栓、水枪、水龙头、水龙带接扣、自救卷盘、挂架、消防按钮；落地消火栓箱包括箱内手提灭火器。

7）室外消火栓，安装方式分地上式、地下式；地上式消火栓安装包括地上式消火栓、法兰接管、弯管底座；地下式消火栓安装包括地下式消火栓、法兰接管、弯管底座或消火栓三通。

8）消防水泵接合器，包括法兰接管及弯头安装，接合器井内阀门、弯管底座、标牌等附件安装。

9）减压孔板若在法兰盘内安装，其法兰计入组价中。

10）消防水炮分普通手动水炮、智能控制水炮。

【例题】自动喷水湿式灭火系统的主要特点有（　　　）。（多选）

A. 作用时间较干式系统迟缓　　　　　　B. 不适用于寒冷地区

C. 要设置空压机等附属设备，投资较大　　D. 控制火势或灭火迅速

【答案】BD

【解析】本题考查的是消防工程施工技术。自动喷水湿式灭火系统具有控制火势或灭火迅速的特点。主要缺点是不适应于寒冷地区，适用于环境温度为 4~70℃。

【例题】某建筑需设计自动喷水灭火系统，考虑到冬季系统环境温度经常性低于4℃，该建筑可以采用的系统有（　　　）。（多选）

A. 自动喷水湿式灭火系统　　　　　B. 自动喷水预作用系统

C. 自动喷水雨淋系统　　　　　　　D. 自动喷水干湿式系统

【答案】BCD

【解析】本题考查的是消防工程施工技术。自动喷水湿式灭火系统不适用于寒冷地区。

【例题】喷水灭火系统中，不具备直接灭火的灭火系统为（　　　）。

A. 水喷雾系统　　　　　　　　　　B. 水幕系统

C. 自动喷水干式系统　　　　　　　D. 自动喷水预作用系统

【答案】B

【解析】本题考查的是消防工程施工技术。水幕系统不具备直接灭火的能力，一般情况下与防火卷帘或防火幕配合使用，起到防止火灾蔓延的作用。

【例题】适用于由于空间高度较高，采用自动喷水灭火系统难以有效探测、扑灭及控制火灾的大空间场所的灭火系统为（　　　）。

A. 水喷雾系统　　　　　　　　　　B. 水幕系统

C. 消火栓灭火系统　　　　　　　　D. 消防水炮灭火系统

【答案】D

【解析】本题考查的是消防工程施工技术。消防水炮灭火系统由消防水炮、管路、阀门、消防泵组、动力源和控制装置等组成。适用于由于空间高度较高，采用自动喷水灭火系统难以有效探测、扑灭及控制火灾的大空间场所。

2. 气体灭火系统（编码：030902）

气体灭火系统工程量清单共包括无缝钢管、不锈钢管、不锈钢管管件、气体驱动装置管道、选择阀、气体喷头、贮存装置、称重检漏装置、无管网气体灭火装置等共9个分项工程。

（1）无缝钢管、不锈钢管按照材质、压力等级、规格、焊接方法等列项，按设计图示管道中心线以长度计算；

（2）不锈钢管管件按照材质、压力等级、规格、焊接方法、充氩保护方式、部位等列项，按设计图示数量计算；

（3）气体驱动装置管道按照材质、压力等级、规格、焊接方法、压力试验及吹扫设计要求等列项，按设计图示管道中心线以长度计算；

（4）选择阀、气体喷头按照材质、型号、规格、连接形式列项，按设计图示数量计算；

（5）贮存装置、称重检漏装置、无管网气体灭火装置按照型号、规格等列项，按设计图示数量计算。

（6）气体灭火系统工程量清单应注意：

1）气体灭火管道工程量计算，不扣除阀门、管件及各种组件所占长度以延长米计算。

2）气体灭火介质，包括七氟丙烷灭火系统、IG541灭火系统、二氧化碳灭火系统等。

3）气体驱动装置管道安装，包括卡、套连接件。

4）贮存装置安装，包括灭火剂存储器、驱动气瓶、支框架、集流阀、容器阀、单向阀、高压软管和安全阀等贮存装置和阀驱动装置、减压装置、压力指示仪等。

5）无管网气体灭火系统由柜式预制灭火装置、火灾探测器、火灾自动报警灭火控制器等组成，具有自动控制和手动控制两种启动方式。无管网气体灭火装置安装，包括气瓶柜装置（内设气瓶、电磁阀、喷头）和自动报警控制装置（包括控制器，烟、温感，声光报警器，手动报警器，手/自动控制按钮）等。

3. 泡沫灭火系统（编码：030903）

泡沫灭火系统工程量清单共包括碳钢管、不锈钢管、铜管、不锈钢管管件、铜管管件、泡沫发生器、泡沫比例混合器、泡沫液贮罐等8个分项工程。

（1）碳钢管、不锈钢管、铜管按照材质、压力等级、规格、焊接方法等列项，按设计图示管道中心线以长度计算；

（2）不锈钢管管件、铜管管件按照材质、压力等级、规格、焊接方法等列项，按设计图示数量计算；

（3）泡沫发生器、泡沫比例混合器、泡沫液贮罐按照型号、规格、二次灌浆材料等列项，按设计图示数量计算，计量单位为台；

（4）泡沫灭火系统工程量清单应注意：

1）泡沫灭火管道工程量计算，不扣除阀门、管件及各种组件所占长度以延长米计算。

2）泡沫发生器、泡沫比例混合器安装，包括整体安装、焊法兰、单体调试及配合管道试压时隔离本体所消耗的工料。

3）泡沫液贮罐内如需充装泡沫液，应明确描述泡沫灭火剂品种、规格。

【例题】可以扑灭电气火灾的灭火系统为（   ）。（多选）

A.水喷雾灭火系统   B.七氟丙烷灭火系统

C.泡沫灭火系统   D.干粉灭火系统

【答案】ABD

【解析】本题考查的是消防工程施工技术。水喷雾具有多种灭火机理，一般用在扑灭可燃液体火灾或电器火灾中。七氟丙烷灭火系统可用于扑救电气火灾、液体火灾或可熔化的固体火灾，固体表面火灾及灭火前能切断气源的气体火灾。干粉灭火系统主要用于扑救易燃、可燃液体，可燃气体和电气设备的火灾。

4. 火灾自动报警系统（编码：030904）

火灾自动报警系统工程量清单共包括点型探测器、线型探测器、按钮、消防警铃、声光报警器、消防报警电话插孔（电话）、消防广播（扬声器）、模块（模块箱）、区域报警控制箱、联动控制箱、远程控制箱（柜）、火灾报警系统控制主机、联动控制主机、消防广播及对讲电话主机（柜）、火灾报警控制微机（CRT）、备用电源及电池主机（柜）、报警联动一体机等共 17 个分项工程。

（1）点型探测器按照名称、规格、线制、类型列项，按设计图示数量计算；

（2）线型探测器按照名称、规格、安装方式列项，按设计图示长度计算；

（3）按钮、消防警铃、声光报警器按照名称和规格列项，按设计图示数量计算；

（4）消防报警电话插孔（电话）、消防广播（扬声器）按照名称、安装方式等列项，按设计图示数量计算；

（5）模块（模块箱）按照名称、规格、类型等列项，按设计图示数量计算，计量单位为个（台）；

（6）区域报警控制箱、联动控制箱按照多线制、总线制、安装方式等列项，按设计图示数量计算，计量单位为台；

（7）远程控制箱（柜）按照规格和控制回路列项，按设计图示数量计算，计量单位为台；

（8）火灾报警系统控制主机、联动控制主机、消防广播及对讲电话主机（柜）、报警联动一体机按照规格、线制、控制回路和安装方式列项，按设计图示数量计算，计量单位为台；

（9）火灾报警控制微机（CRT）按照规格和安装方式列项，按设计图示数量计算，计量单位为台；

（10）备用电源及电池主机（柜）按照名称、容量和安装方式列项，按设计图示数量计算，计量单位为套。

【例题】适用于大型建筑群、超高层建筑，可对建筑中的消防设备实现联动控制和手动控制的火灾自动报警系统为（　　　　）。

A. 区域报警系统　　　　　　　　B. 集中报警控制器

C. 联动报警系统　　　　　　　　D. 控制中心报警系统

【答案】D

【解析】本题考查的是消防工程施工技术。控制中心报警系统由设置在消防控制室的集中报警控制器、消防控制设备等组成，适用于大型建筑群、超高层建筑，可对建筑中的消防设备实现联动控制和手动控制。

【例题】为火灾探测器供电，接收探测点火警电信号，以声、光信号发出火灾报警，是整个火灾自动报警系统的指挥中心的消防设备为（　　）。

A. 输入模块　　　　　　　　　　B. 控制模块

C. 联动控制器　　　　　　　　　D. 火灾自动报警控制器

【答案】D

【解析】本题考查的是消防工程施工技术。火灾自动报警控制器为火灾探测器供电，接收探测点火警电信号，以声、光信号发出火灾报警，同时显示及记录火灾发生的部位和时间；向联动控制器发出联动信号，是整个火灾自动报警系统的指挥中心。

5. 消防系统调试（编码：030905）

消防系统调试工程量清单共包括自动报警系统调试、水灭火控制装置调试、防火控制装置调试、气体灭火系统装置调试等4个分项工程。

（1）自动报警系统调试按照点数和线制列项，按系统计算；

（2）水灭火控制装置调试按照系统形式列项，按控制装置的点数计算；

（3）防火控制装置调试按照名称和类型列项，按设计图示数量计算；

（4）气体灭火系统装置调试按照试验容器规格和气体试喷列项，按调试、检验和验收所消耗的试验容器总数计算；

（5）消防系统调试工程量清单应注意：

1）自动报警系统，包括各种探测器、报警器、报警按钮、报警控制器、消防广播、消防电话等组成的报警系统；按不同点数以系统计算。

2）水灭火控制装置，自动喷洒系统按水流指示器数量以点（支路）计算；消火栓系统按消火栓启泵按钮数量以点计算；消防水炮系统按水炮数量以点计算。

3）防火控制装置，包括电动防火门、防火卷帘门、正压送风阀、排烟阀、防火控制阀、消防电梯等防火控制装置；电动防火门、防火卷帘门、正压送风阀、排烟阀、防火控制阀等调试以个计算，消防电梯以部计算。

4）气体灭火系统调试，是按气体灭火系统装置的瓶头阀以点计算。

【例题】消防系统调试，自动喷洒系统工程计量为（　　）。

A. 按水流指示器数量以点（支路）计算

B. 按消火栓启泵按钮数量以点计算

C. 按水炮数量以点计算

D. 按控制装置的点数计算

【答案】A

【解析】本题考查的是消防工程计量。水灭火控制装置，自动喷洒系统按水流指示器数量以点（支路）计算；消火栓系统按消火栓启泵按钮数量以点计算；消防水炮系统按水炮数量以点计算。水灭火控制装置调试分项工程以"点"为计量单位，按控制装置的点数计算。

6. 相关问题及说明

（1）管道界限的划分

1）喷淋系统水灭火管道：室内外界限应以建筑物外墙皮 1.5m 为界，入口处设阀门者应以阀门为界；设在高层建筑物内的消防泵间管道应以泵间外墙皮为界。

2）消火栓管道：给水管道室内外界限划分应以外墙皮 1.5m 为界，入口处设阀门者应以阀门为界。

3）与市政给水管道的界限：以与市政给水管道碰头点（井）为界。

（2）消防管道如需进行探伤，应按《安装工程量计算规范 2013》附录 H 工业管道工程相关项目编码列项。

（3）消防管道上的阀门、管道及设备支架、套管制作安装，应按《安装工程量计算规范 2013》附录 K 给排水、采暖、燃气工程相关项目编码列项。

（4）管道及设备除锈、刷油、保温除注明者外，均应按《安装工程量计算规范 2013》附录 M 刷油、防腐蚀、绝热工程相关项目编码列项。

（5）消防工程措施项目，应按《安装工程量计算规范 2013》附录 N 措施项目相关项目编码列项。

4.4.2 消防设备安装工程定额应用

消防工程是现代建设工程中专业性的系统工程。是建设施工过程中不可或缺的重要组成部分，与建设工程其他专业的施工相互关联、紧密配合，起着在建设工程项目未来使用中防灾减灾的作用，有着从规划、设计、施工、验收的一系列过程。有了资金的保障、科学的管理、专业性的人员、齐全的设备、高质量的产品与材料才能打造出高质量的消防工程。

《2012 北京市安装工程预算定额 第九册 消防工程》（以下简称《消防工程》）作为北京市行政区域内编制建设工程预算、工程招标、工程量清单计价、国有投资工程编制标底或最高投标限价、签订工程施工承包合同、拨付工程款及办理工程竣工结算的依据，作为工程投标报价的参考依据。

2012 安装预算定额第九册《消防工程》包括水灭火系统、气体灭火系统、泡沫灭火系统、火灾自动报警系统、消防系统调试、措施项目费用和附录等共六章。适用于工业与民用建筑中的新建、扩建和整体更新改造的消防工程。

下列内容执行其他相应定额：

1）消火栓管道、室外消防管道、阀门、消防水箱安装，套管、设备支架制作安装；执行《给排水、采暖、燃气工程》相应项目。

2）各种消防泵、稳压泵安装，执行《机械设备安装工程》相应项目。

3）不锈钢管和管件、铜管和管件安装及泵间管道安装，执行《工业管道工程》相应项目。

4）设备、管道、阀门及法兰刷油、绝热工程，执行《刷油、防腐蚀、绝热工程》相应项目。

5）电缆敷设、桥架安装、配管配线、接线盒、动力、应急照明控制设备、电动机检查接线、防雷接地装置等安装，均执行《电气设备安装工程》相应项目。

6）各种仪表安装，执行《自动化控制仪表安装工程》相应项目。

1. 水灭火系统

水灭火系统包括水喷淋钢管、水喷淋喷头、报警装置、水流指示器、减压孔板、末端试水装置、集热罩、室内外消火栓、消防水泵结合器、灭火器、消防水炮安装等内容共十一节 94 个子目。适用于工业和民用建（构）筑物设置的自动喷水灭火系统的管道、各种组件、消火栓、消防水炮等的安装。

（1）工程量计算规则

1）管道安装按设计图示管道中心线长度计算。不扣除阀门、管件及各种组件所占长度。

2）管件连接分规格按数量计算。沟槽管件主材费包括卡箍及密封圈。

3）喷头、水流指示器、减压孔板、集热罩按设计图示数量计算。按安装部位、方式、分规格计量。

4）报警装置、室内消火栓、室外消火栓、消防水泵接合器均按设计图示数量计算。

5）末端试水装置按设计图示数量计算。

6）灭火器按设计图示数量计算。

7）消防水炮按设计图示数量计算。

（2）计价注意事项

1）钢管（法兰连接）定额中包含管件及法兰安装，但管件、法兰数量应按设计图纸用量另行计算，螺栓按设计用量加 3% 损耗计算。

2）若设计或规范要求钢管需二次镀锌时，其费用另行计算。

3）减压孔板不论在法兰盘内、活接头内或消火栓接口内安装，均执行同一子目。

4）报警装置安装项目，定额中已包括装配管、泄放试验管及水力警铃出水管安装，水力警铃进水管按图示尺寸执行管道安装相应子目，其他报警装置适用于雨淋、干湿两用及预作用报警装置。

5）水流指示器（马鞍形连接）项目，主材中包括胶圈、U 形卡，若设计要求水流指示器采用丝接时，执行《给排水、采暖、燃气工程》中丝接阀门相应子目。

6）集热罩安装项目，主材中应包括所配备的成品支架。

7）落地组合式消防柜安装，执行室内消火栓（明装）定额子目。

8）室外消火栓、消防水泵接合器安装，定额中包括法兰接管及弯头（三通）的安装，但不包括其本身价值。

9）消防水炮及模拟末端试水装置项目，定额中仅包括本体安装，不包括型钢底座制作安装和混凝土基础砌筑。型钢底座执行《给排水、采暖、燃气工程》相应子目，混凝土基础执行《房屋建筑与装饰工程》相应子目。

10）报警装置、室内外消火栓、消防水泵接合器分形式，按成套产品计量。

2. 气体灭火系统

气体灭火系统包括无缝钢管、气体驱动装置管道、选择阀、气体喷头、储存装置、称重检测装置、无管网气体灭火装置、系统组件试验等共十节 48 个子目。适用于工业和民用建筑中设置的七氟丙烷、IG541、二氧化碳灭火系统中的管道、管件、系统装置及组件等的安装。

（1）工程量计算规则

1）管道安装按设计图示管道中心线长度计算。不扣除阀门、管件及各种组件所占长度。

2）钢制管件连接分规格按数量计算。

3）气体驱动装置管道按设计图示管道中心线长度计算。

4）选择阀、喷头安装按设计图示数量计算。区分规格、连接方式。

5）储存装置、称重检测装置、无管网气体灭火装置安装按设计图示数量计算。

6）系统组件试验分水压强度试验、气压严密性试验，按组件数量计算。

（2）计价注意事项

1）定额中的无缝钢管、钢制管件、选择阀安装及系统组件试验等适用于七氟丙烷、IG 541 灭火系统；高压二氧化碳灭火系统执行本定额，但子目中的人工、机械乘以系数 1.20。

2）管道及管件安装定额

①无缝钢管法兰连接定额包括管件及法兰安装，但管件、法兰数量应按设计用量另行计算，螺栓按设计用量加 3% 损耗计算。

②气体灭火系统管道采用不锈钢管、铜管时，管道及管件安装执行《工业管道工程》相应子目。

③气体灭火系统调试费执行消防系统调试相应子目。

3. 泡沫灭火系统

泡沫灭火系统包括泡沫发生器、泡沫比例混合器等共二节 16 个子目。适用于高、中、低倍数固定式或半固定式泡沫灭火系统的发生器及泡沫比例混合器安装。

（1）工程量计算规则

泡沫发生器、泡沫比例混合器安装按设计图示数量计算。法兰和螺栓根据设计图纸要求另行计算。

（2）计价注意事项

1）定额适用于高、中、低倍数固定式或半固定式泡沫灭火系统的发生器及泡沫比例混合器安装。

2）泡沫发生器及泡沫比例混合器安装中包括整体安装、焊法兰、单体调试及配合管道试压时隔离本体所消耗的人工。

3）泡沫液充装是按生产厂在施工现场充装考虑的，若由施工单位充装时，应另行计算。

4）泡沫灭火系统的调试应按批准的施工方案另行计算。

4. 火灾自动报警系统

火灾自动报警系统包括：点型探测器、线型探测器、按钮、消防警铃、声光报警器、空气采样型探测器、消防报警电话插孔、消防广播、模块（模块箱）、区域报警控制箱、联动控制箱、远程控制箱（柜）、火灾报警系统控制主机、联动控制主机、消防广播及对讲电话主机（柜）、火灾报警控制微机（CRT）、备用电源及电池主机柜、报警联动一体机等十七节 70 个字目。

（1）工程量计算规则

火灾报警系统按设计图示数量计算。

（2）计价注意事项

1）安装定额中箱、机是以成套装置编制的，柜式及琴台式均执行落地式安装相应项目。

2）短路隔离器安装执行多输入多输出模块安装定额子目。

3）自动报警系统包括各种探测器、报警器、报警按钮、报警控制器、消防广播、消防电话分机及电话插孔等组成的报警系统。灭火系统联动控制装置包括消火栓、自动喷水、七氟丙烷、二氧化碳等固定灭火系统的控制装置。

4）闪灯执行声光报警器。

5. 消防系统调试

消防系统调试包括：自动报警系统调试、水灭火控制装置调试、防火控制装置调试、气体灭火系统装置调试等四节 23 个子目。

（1）工程量计算规则

1）自动报警系统调试区别不同点数（自动报警系统模块计算点数）按系统计算。

2）自动喷水灭火系统调试按水流指示器数量计算；消火栓灭火系统按消火栓启泵按钮数量计算；消防水炮控制装置系统调试按水炮数量计算。

3）防火控制装置调试按设计图示数量计算。定额中已包含模块调试。

4）气体灭火系统装置调试按调试、检验和验收所消耗的试验容器总数计算。

（2）计价注意事项

1）系统调试是指消防报警和灭火系统安装完毕且联通，并达到国家有关消防施工验收规范、标准，进行的全系统检测、调整和试验。

2）定额中不包括气体灭火系统调试试验时采取的安全措施，应另行计算。

3）自动报警系统包括各种探测器、报警器、报警按钮、报警控制器、消防广播、消防电话分机及电话插孔等组成的报警系统。

【例题】消防报警系统配管、配线、接线盒应编码列项的项目为（   ）。

A. 附录 E 建筑智能化工程   B. 附录 K 给排水采暖燃气工程

C. 附录 D 电气设备安装工程   D. 附录 F 自动化控制仪表安装工程

【答案】C

【解析】本题考查的是消防工程计量。消防报警系统配管、配线、接线盒均应按附录 D 电气设备安装工程相关项目编码列项。

本章小结

（1）消防系统按照灭火介质的不同分为水灭火系统、气体灭火系统、干粉灭火系统、泡沫灭火系统。系统主要由喷头、报警装置、水流指示器、减压孔板、末端试水装置、集热板、消火栓、消防水泵接合器、灭火器及消防水炮等设备构成，同时细致介绍水灭火系统中的消防栓灭火系统与自动喷水灭火系统的施工工艺与灭火系统工程中常用图例。

（2）《安装工程量计算规范 2013》附录 J 消防工程适用于工业与民用消防安装工程，主要内容包括水灭火系统、气体灭火系统、泡沫灭火系统、火灾自动报警系统、消防系统调试 5 个分部。

（3）喷淋系统水灭火管道：室内外界限应以建筑物外墙皮 1.5m 为界，入口处设阀门者应以阀门为界；设在高层建筑物内的消防泵间管道应以泵间外墙皮为界；消火栓管道：给水管道室内外界限划分应以外墙皮 1.5m 为界，入口处设阀门者应以阀门为界；与市政给水管道的界限：以与市政给水管道碰头点（井）为界。

思考题

1. 水灭火管网、气体灭火管网、干粉灭火管网以及泡沫灭火管网安装，试水实验包括哪些内容，如何开展检验？

2. 试简述消防给水工程平面图识图方法及步骤。

3 根据建筑物的性质、功能及燃烧物特性，可划分为哪些灭火系统类别？

4. 请简述末端试水装置的功能及计量规则。

5

通风空调工程

学习要点：

（1）认识通风工程及空调工程的工作原理，了解通风空调工程的相关设备功能及其安装方法，主要包括通风及空调设备及部件制作安装、通风管道制作安装、通风管道部件制作安装、通风工程监测、调试。

（2）通风空调工程中风管、风道管件以及附件图例认知及识图方法步骤。

（3）建筑通风空调工程的工程量计算规范以及2012北京市预算定额应用。

5.1　通风空调工程概述

1.通风工程

建筑通风的任务是把室内被污染的空气直接或净化后排至室外，把新鲜空气补充进来，改善室内空气的温度、湿度、洁净度和流速，保证人们的健康以及生活和工作的环境条件。

（1）通风系统的组成

工程上将通风系统分为送风系统和排风系统，其功能实现路径如图5-1、图5-2所示。

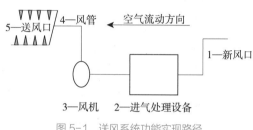

图5-1　送风系统功能实现路径

送风系统的基本功能是将清洁空气送入室内。在风机3的动力下，室外空气进入新风口1，经进气处理设备2（过滤器、热湿处理器、表面式换热器等）处理达到卫生或工艺要求后，由风管4分配到各送风口5，进入室内。

排风系统的基本功能是排除室内的污染气体，在风机的动力作用下排风罩（或排风口）1将室内污染气体吸入，经风管2送入净化设备3（或除尘器），经处理达到规定的排放标准后，通过风帽5排到室外大气中。

（2）通风方式

通风方式包括自然通风、机械通风、局部通风以及全面通风。通风系统常涉及除尘系统、气体净化系统、事故通风系统等。

1）自然通风是利用室外风力所造成的风压或室内内外空气温差所形成的热压作用使室内外空气进行交换的通风方式。自然通风是一种被广泛采用且经济有效的通风方式，适合在一般的居住建筑、普通办公楼、工业厂房（尤其是高温车间）中使用。

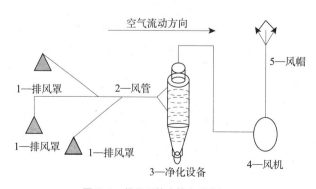

图5-2　排风系统功能实现路径

2）机械通风是借助通风机所产生的动力使空气流动的通风方式，包括机械送风和机械排风。机械通风的空气流动速度和方向可以方便地控制，因此比自然通风更加可靠。

3）局部通风分为局部送风和局部排风。局部送风是将洁净的空气直接输送到室内人员所在地，以改善工作人员的局部环境，而非使整个空间环境均达到标准要求。排风系统是在产生污染物的地点直接将污染物积聚起来，经处理后排至室外。局部排风是最有效的应对污染物对环境危害的通风方式。

4）全面通风也称为稀释通风，对于散发热、湿或有害物质的工厂或其他房间，当不能采取局部通风或者即使采用局部通风仍无法达到卫生标准时，应采取全面通风。全面通风可分为稀释通风、均匀流通风和置换通风等。

5）工业建筑的除尘系统是一种局部机械排风系统。用吸尘罩捕集工艺过程产生的含尘气体，在风机的作用下，含尘气体沿风道被输送到除尘设备，将粉尘分离出来，净化后的气体排至大气，粉尘进行收集与处理。除尘分为就地除尘、分散除尘和集中除尘三种形式。

6）建筑内产生的有害气体直接排至室外会造成大气污染，因此必须先对其进行净化处理，达到排放标准的要求后才能排到大气中。有害气体的净化方法有洗涤法、吸附法、吸收法、袋滤法、静电法、燃烧法、冷凝法。其中吸收法和吸附法常用于低浓度气体的净化，也是通风中有害气体的主要净化方法。

7）事故排风的室内排风口应设在有害气体或爆炸危险物质散发量可能最大的地点。事故排风不设置进风系统补偿，一般不进行净化。

2. 空调工程

空气调节是通风的高级形式，采用人为的方法，创造和保持一定的温度、温度、气流速度及一定的室内空气洁净度，实现对建筑物内热湿环境、空气品质的全面控制，满足生产工艺和人体的舒适要求。

空调系统包括送风系统和回风系统。在风机的动力作用下，室外空气进入新风口，与回风管中回风混合，经空气处理设备处理达到要求后，由风管输送并分配到各送风口，由送风口送入室内。空调系统基本由空气处理、空气输配、冷热源三部分组成。

（1）空气处理部分包括能对空气进行热湿处理和净化处理的各种设备，如空气过滤器、热湿处理设备、空气净化设备等。

（2）空气输配部分包括通风机、风道系统、各种阀门、各种附属装置，以及为使空调区域内气流分布合理、均匀而设置的各种送风口、回风口和空气进出空调系统的新风口、排风口。

（3）冷热源部分包括制冷系统和供热系统。

5.2　通风空调设备介绍及施工

5.2.1　通风空调工程主要设备介绍

通风空调主要设备包括：空气加热器、除尘设备、空调器、风机盘管、表冷器、挡水板、滤水器、过滤器、净化工作台、风淋室、除湿机与人防过滤吸收器。

（1）空气加热器（冷却器）。空气加热器（冷却器）是主要对气体流进行加热（冷却）的设备。按名称、型号、规格、质量、安装形式以及支架形式、材质区分。

（2）除尘设备。除尘设备主要是把含尘量较大的空气处理后排至室外，起到对空气进行清洁处理的作用。按除尘机理分为电除尘器、湿式除尘器、过滤式除尘器、旋风式除尘器、惯性除尘器和重力除尘器。

（3）空调器。空调器是使用制冷剂压缩冷凝制冷对空气进行调节，以达到人们需要温度的设备。空调器中凡本身不带制冷机的称为非独立式空调器；凡本身配有制冷压缩机的设备称为独立式空调器。

（4）风机盘管。风机盘管是半集中空调系统中的末端装置，它由风机和盘管及箱体组成。工作时盘管内根据需要流动热水或冷水，风机把室内空气吸进机组，经过滤后再经盘管冷却或加热后送回室内，如此循环以达到调节室内温度和湿度的目的。

（5）表冷器。表冷器是利用冷媒在其内部吸热使之被冷却空间温度逐渐降低的一种设备。冷却器分水冷式和直接蒸发式两类。常见表冷器有风机盘管的换热器，空调机组内风冷翅片冷凝器等。

（6）挡水板、滤水器。以上均为空调部件的组成部分。挡水板用来防止悬浮在空调系统设备中喷水室气流中的水滴被带走，同时还有使空气气流均匀的作用。当空调系统采用循环水时，为防止杂质堵塞喷嘴孔口，在循环水管入口处装有滤水器，内有滤网。

（7）过滤器。过滤器指空气过滤装置，用于洁净车间、实验室及洁净室等环境的防尘。过滤器将含尘量较小的室外空气经过滤净化后送入室内，使室内环境达到洁净要求。

（8）净化工作台。净化工作台是在特定的空间内，使洁净空气按设定的方向流动，从而提供局部高洁净工作环境的空气净化设备。按气流方向可将工作台可分为垂直式、由内向外式以及侧向式。

（9）风淋室。风淋室是人或物体进入洁净室所必需的局部净化设备。当人员或货物进入洁净区时，由风机通过风淋喷嘴喷出经过高效过滤的洁净强风，吹除人或物体表面吸附尘埃，从而减少人或物进出洁净室所带来的污染。

（10）除湿机。除湿机利用空气中的水分在进入除湿器蒸发器时冷凝结霜，然后集聚滴出，排入下水口，从而达降低空气湿度的目的。

（11）人防过滤吸收器人防过滤吸收器用于人防工程涉毒通风系统中过滤染毒空气中的毒烟、毒雾、生物气溶胶以及放射性灰尘，达到清洁空气目的。

5.2.2　通风空调工程管道介绍

通风管道是通风系统的重要组成部分，是输送空气和空气混合物的各种风道和风管的总称，作用是输送空气。风管按截面形状可分为圆形、矩形、螺旋形等；按用途分为净化系统送回风管、中央空调通风管、工业送排风通风管、环保系统吸排风管以及特殊场合用风管等；按连接方式可分为咬口和焊接两大类；按材质可分为薄钢板通风管、玻璃钢通风管、不锈钢通风管、铝板风管、塑料通风管、复合型通风管以及纤维织物软风管等。

输送腐蚀性气体的风道可用涂刷防腐油漆的钢板或硬塑料板、玻璃钢制作；埋地风道通常用混凝土板做底、两边砌砖，用预制钢筋混凝土板做顶；利用建筑空间兼作风道时，多采用混凝土或砖砌风道。

5.2.3　通风管道主要部件介绍

1. 阀门

通风空调工程中常见阀门包括启动阀、止回阀、防火阀、蝶阀、调节阀、插板阀等。按材质以及阀门类型分为碳钢阀门、柔性软风管阀、铝蝶阀、不锈钢蝶阀、塑料阀、玻璃钢蝶阀等。

2. 风口

风口的基本功能是将气体吸入或排出管网，通风工程中使用最广泛的是铝合金风口，表面经氧化处理，具有良好的防腐、防水性能。常用的风口有格栅风口、地板回风口、条缝型风口、百叶风口（包括固定百叶风口和活动百叶风口）和散流器等。

3. 风帽

风帽是用于通风管道伸出屋外部分的末端装置，在排风系统中用风帽向室外排除污浊空气，为避免雨水渗入，通常设有风帽泛水。常用风帽有伞形风帽、锥形风帽、筒形风帽等；按材质不同通常有碳钢风帽、塑料风帽、铝板风帽及玻璃钢风帽。

4. 罩类

罩类指在通风系统中的风机传动带防护罩，电动机防雨罩以及安装在排风系统中的侧吸罩，排气罩，吸、吹式槽边罩，抽风罩，回转罩等。按材质分为碳钢罩类与塑料罩类。

5. 柔性接口

柔性接口在通风机的入口和出口处，应用软管与风管连接，以防止风管与风机共振破坏风管保温等。柔性接口包括金属、非金属软接口及伸缩节。

6. 消声器

消声器是由吸声材料按不同消声原理设计制成的构件，是一种既能允许气流通过，又能有效地阻止或减弱声能向外传播的装置。消声器包括片式消声器、矿棉管式消声器、聚酯泡沫管式消声器等。

7.静压箱

静压箱是送风系统减少动压、增加静压、稳定气流和减少气流振动的一种必要的配件，可使送风效果更加理想。一般安装在风机出口处或在空气分布器前设置静压箱并贴以吸声料，既能起到消声器的作用又能起到稳定气流的作用。

8.人防超压自动排气阀

人防超压自动排气阀是用于人防工程中超压排风的一种通风设备。如防空地下室的排风口部位，能有效地将通道内的毒气排除，以保障人身安全。

9.人防手动密闭阀

手动密闭阀用于转换通风方式，改变空气流程，通常安装于人防工程进风和排风系统。使用时阀门板全启或全闭，为单向闭路机构，不能起调节作用。

【例题】机械排风系统中，风口宜设置在（　　　）。

A.污染物浓度较大的地方　　　　B.污染物浓度中等的地方

C.污染物浓度较小的地方　　　　D.没有污染物的地方

【答案】A

【解析】风口是收集室内空气的地方，为提高全面通风的稀释效果，风口宜设在污染物浓度较大的地方。污染物密度比空气小时，风口宜设在上方，而密度较大时，宜设在下方。

【例题】空调系统的冷凝水管道宜采用的材料为（　　　）。（多选）

A.焊接钢管　　　　　　　　　B.热镀锌钢管

C.聚氯乙烯塑料管　　　　　　D.卷焊钢管

【答案】BC

【解析】冷凝水管道宜采用聚氯乙烯塑料管或热镀锌钢管，不宜采用焊接钢管。采用聚氯乙烯塑料管时，一般可以不加防二次结露的保温层，采用镀锌钢管时，应设置保温层。冷凝水立管的顶部，应有通向大气的透气管。

5.2.4　通风空调主要设备安装

1.空调系统安装

（1）风机安装

安装风机时，首先核对叶轮、机壳和其他部位（如地脚孔中心距、进、排气口法兰孔径和方位及中心距、轴的中心标高等）的主要安装尺寸是否与设计相符；然后检查进、排气口是否有盖板严密遮盖，防止尘土和杂物进入。

风机的润滑、油冷却和密封系统的管路除应清洗干净和畅通外，其受压部分均应做强度试验，现场配制的润滑、密封管路应进行除锈、清洗处理。

风机的进气管、排气管、阀件调节装置和气体加热成冷却装置油路系统管路等，均应有单独的支撑，并与基础或其他建筑物连接牢固；各管路与风机连接时法兰面应对中贴平。

风机连接的管路需要切割或焊接时，不应使机壳发生变形，一般宜在管路与机壳脱开后进行；风机的传动装置外露部分有护罩；风机的进气口或进气管路直通大气时应加装保护网或其他安全设施。

（2）除尘器安装

除尘器安装分为机械式除尘器安装、过滤式除尘器安装、湿式除尘器安装与电除尘器安装几类。安装时，除尘器各部分的相对位置和尺寸应准确，各法兰的连接处应垫石棉垫片，并拧紧螺栓；除尘器与风管的连接必须严密不漏风；除尘器安装后，在联动试车时应考核其气密性，如有局部渗漏应进行修补。

（3）风机盘管安装

风机盘管在安装前对机组的换热器应进行水压试验，试验压力为工作压力的1.5倍，不渗不漏即可；机组进出水管应加保温层，以免夏季使用时产生凝结水。机组进出水管与外接管路连接时必须对准，最好采用挠性接管（软接）或铜管连接；机组凝结水盘的排水软管不得压扁、折弯，以保证凝结水排出畅通；在安装时应保护换热器翅片和弯头，不得倒塌或碰漏。

（4）空调器安装

安装空调器时，空调器室外侧可设遮阳防雨棚罩，不允许用铁皮等物将室外侧遮盖起来；空调器的送风、回风百叶口不能受阻，气流要保持通畅；空调器凝结水盘要有坡度，室外排水管路要畅通；空调器搬运和安装时，不要倾斜30°，以防冷冻油进入制冷系统内。

2. 风管的制作和安装

（1）一般风管安装

1）风管支架制作与安装

常用风管支架的形式有托架、吊架及立管夹。

①托架的安装。通风管道沿墙壁或柱子敷设时，经常采用托架来支承风管。

②吊架的安装。当风管敷设在楼板或桁架下面离墙较远时，一般采用吊架来安装风管。矩形风管的吊架，由吊杆和横担组成。

③立管夹。垂直风管可用立管夹进行固定。

2）管的制作与连接

①风管可现场制作或工厂预制，风管制作方法分为咬口连接、铆钉连接、焊接。咬口连接：将要相互接合的两个板边折成能相互咬合的各种钩形，钩接后压紧折边；铆钉连接：将两块要连接的板材板边相重叠，用铆钉穿连制合在一起的方法；焊接：因通风空调风管密封要求较高或板材较厚不能用咬口连接时，板材的连接常采用焊接方式。

②风管连接方法有法兰连接和无法兰连接两种。法兰连接：主要用于风管与风管

或风管与部、配件间的连接。按风管的断面形状，分为圆形法兰和矩形法兰；无法兰连接分为圆形风管无法兰连接、矩形风管无法兰连接与软管连接三种。

（2）防排烟风管安装

排烟风管采用镀锌钢板时，板材最小厚度可按照国家标准《通风与空调工程施工规范》GB 50738—2011 高压风管系统的要求选定。采用非金属与复合材料时，板材厚度应符合《通风与空调工程施工规范》GB 50738—2011 的要求；防火阀和排烟阀（排烟口）必须符合有关消防产品标准的规定；防火阀、排烟阀（口）的安装方向、位置应正确。防火分区隔墙两侧的防火阀，距墙表面应不大于 200mm。防火阀直径或长边尺寸大于或等于 630mm 时，宜设独立支吊架；防排烟系统的柔性短管、密封垫料的制作材料必须为不燃材料；风管系统安装完成后，应进行严密性检验。

3. 风管部件的安装

（1）风口的安装

风口与风管的连接应严密、牢固；边框与建筑面贴实，外表面应平整不变形；同一房间内的相同风口的安装高度应一致，排列整齐。同时，风口在安装前和安装后都应扳动一下调节柄或杆；安装风口时，应注意风口与房间的顶线和腰线协调一致。风管暗装时，风口应服从房间的线条。吸顶安装的散流器应与顶面平齐。散流器的每层扩散圈应保持等距，散流器与总管的接口应牢固可靠。

（2）排气罩安装

排气罩的安装位置应正确，牢固可靠，支架不得设置在影响操作的部位。用于排出蒸汽或其他气体的伞形排气罩，应在罩口内边采取排除凝结液体的措施。

（3）柔性短管安装

柔性短管安装用于风机与空调器、风机等设备与送回风管间的连接，以减少系统的机械振动。柔性短管的安装应松紧适当，不能扭曲。

（4）消声器安装

在进行消声器安装时，首先要使得消声器支架、吊架的生根必须牢固可靠；消声弯管应单独设置支架，不得由风管来支撑；消声器在运输和吊装过程中，应避免振动；消声器安装就位后，可用拉线或吊线的方法进行检查，对不符合要求的应进行修整；当通风、空调系统有恒湿、恒温要求时，消声设备外壳与风管同样做保温处理；消声器在系统中应尽量安装在靠近使用房间的部位，如必须安装在机房内，应对消声器外壳及消声器之后位于机房内的部分风管采取隔声处理。

5.3　通风空调工程主要图例及识图方法

5.3.1　通风空调工程主要图例符号

通风空调工程主要图例符号见表 5-1~ 表 5-5。

风道代号   表 5-1

序号	代号	管道名称
1	SF	送风管
2	HF	回风管
3	PF	排风管
4	XF	新风管
5	PY	消防排烟风管
6	ZY	加压送风管
7	P（Y）	排风排烟兼用风管
8	XB	消防补风风管
9	S（B）	送风兼消防补风风管

风道阀门及附件   表 5-2

序号	名称	图例	备注
1	矩形风管		宽 × 高（mm）
2	圆形风管		Ø 直径（mm）
3	送、新风管向上		
4	送、新风管向下		
5	风管上升摇手弯		
6	风管下降摇手弯		
7	天圆地方		左接矩形风管，右接圆形风管
8	金属软风管		
9	圆弧形弯头		
10	带导流片的矩形弯头		

续表

序号	名称	图例	备注
11	消声器		
12	消声弯头		
13	消声静压箱 （备注：内部有线条）		
14	风箱软接头		
15	电动对开多叶调节风阀		
16	蝶阀		
17	排、回风管向上		
18	排、回风管向下		
19	止回风阀	N.R.D N.R.D	
20	气动三通调节阀		

风口及附件   表 5-3

序号	代号	名称	序号	代号	名称
1	AV	单层格栅风口，叶片垂直	9	DH	圆环形散流器
2	AH	单层格栅风口，叶片水平	10	E*	条缝形风口，* 为条缝数
3	BV	双层格栅风口，前组叶片垂直	11	F*	细叶形斜出风散流器，* 为出风面数量
4	BH	双层格栅风口，前组叶片水平	12	FH	门铰形细叶回风口
5	C*	矩形散流器，* 为出风面数量	13	G	扇叶形直出风散流器
6	DF	圆形平面散流器	14	H	百叶回风口
7	DS	圆形凸面散流器	15	HH	门铰形百叶回风口
8	DX*	圆形斜片散流器，* 为出风面数量	16	J	喷口

续表

序号	代号	名称	序号	代号	名称
17	SD	旋流风口	23	T	低温送风口
18	K	蛋格形风口	24	W	防雨百叶
19	KH	门铰形蛋格式回风口	25	B	带风口风箱
20	L	花板间风口	26	D	带风阀
21	CB	自垂百叶	27	F	带过滤网
22	N	防结露送风口			

通风空调设备　　　　　表 5-4

序号	名称	图例
1	散热器及手动散气阀	
2	散热器及温控阀	
3	轴流风机	
4	轴（混）流式管道风机	
5	离心式管道风机	
6	吊顶式排气扇	
7	水泵	
8	手摇泵	
9	变风量末端	
10	空调机组加热、冷却盘管	
11	空气过滤器	
12	挡水板	
13	加湿器	
14	电加热器	
15	板式换热器	

续表

序号	名称	图例
16	立式明装风机盘管	
17	立式暗装风机盘管	
18	卧式明装风机盘管	
19	卧式暗装风机盘管	
20	窗式空调器	
21	分体空调器	室内　室外
22	射流诱导风机	
23	减振器	

调控仪表 表 5-5

序号	名称	图例
1	温度传感器	T
2	湿度传感器	H
3	压力传感器	P
4	压差传感器	△P
5	流量传感器	F
6	烟感器	S

5.3.2　通风空调工程识图方法及步骤

通风空调工程施工图由基本图和详图及文字说明、主要设备材料清单等组成。基本图包括系统原理图、平面图、剖面图及系统轴测图。详图包括部件加工及安装图。

1.设计说明

设计说明应包括下列内容：

（1）工程性质、规模、服务对象及系统工作原理；

（2）通风空调系统的工作方式、系列划分和组成以及系统总送风、排风量和各风门的送、排风量；

（3）通风空调系统的设计参数，如室外气象参数、室内温湿度、室内含尘浓度、换气次数以及空气状态参数等；

（4）施工质量要求和特殊的施工方法；

（5）保温、油漆等的工作要求。

2. 系统原理方框图

这是综合性的示意图，将空气处理设备、通风管路、冷热源管路、自动调节及检测系统联结成一个整体，构成一个整体的通风空调系统，它表达了系统的工作原理及各环节的有机联系。这种图样一般通风空调系统不绘制，只是在比较复杂的通风空调工程才绘制。

3. 系统平面图

通风空调系统中，平面图表明风管、部件及设备在建筑物内的平面坐标位置。其中包括：

（1）风管、送、回（排）试口、风量调节阀、测孔等部件和设备的平面位置，与建筑物境面的距离及各部位尺寸。

（2）送、回（排）风口的空气流动方向。

（3）通风空调设备的外形轮廓、规格型号及平面坐标位置。

（4）系统剖面图

剖面图表明风管、部件及设备的立面位置及标高尺寸。在剖面图上可以看出风机、风管及部件、风帽的安装高度。

（5）系统轴测图

通风空调系统轴测图又称透视图。采用轴测投影原理绘制出的系统轴测图，可以完整而形象地把风管、部件与设备之间的相对位置及空间关系表示出来。系统轴测图上还注明风管、部件及设备的标高、各段风管的规格尺寸，送、排风口的型式和风量值。系统轴测图一般用单线表示。识读系统图能帮助更好地了解和分析平面图和剖面图，更好地理解设计意图。

（6）详图

通风空调详图表明风管、部件及设备制作和安装的具体形式、方法和详细构造及加工尺寸。对于一般性的通风空调工程，通常都使用标准图册，只是对于一些有特殊要求的工程，则由设计部门根据工程的特殊情况设计施工详图。

（7）设备和材料清单

通风、空调施工图中的设备材料清单，是将工程中所选用的设备和材料列出规格、型号、数量，作为建设单位采购、订货的依据。

设备材料清单中所列设备、材料的规格、型号，往往满足不了预算编制的要求，如设备的规格、型号、重量等，需要查找有关产品样本或向订货单位了解情况。通风管道工程量必须按照图纸尺寸详细计算，材料清单上的数量只能作为参考。

5.4 通风空调工程计量与计价

5.4.1 通风空调工程量计算规范

本节内容对应《安装工程量计算规范 2013》附录 G 通风空调工程的内容，适用于工业与民用通风（空调）设备及部件、通风管道及部件的制作安装工程（表 5-6）。

附录 G 主要内容   表 5-6

编码	分部工程名称	编码	分部工程名称
030701	G.1 通风及空调设备及部件制作安装	030703	G.3 通风管道部件制作安装
030702	G.2 通风管道制作安装	030704	G.4 通风工程监测、调试

1. 通风及空调设备及部件制作安装（编码：030701）

通风及空调设备及部件制作安装工程量清单项目、设置项目特征描述的内容、计量单位及工程量计算规则。共包括空气加热器（冷却器），除尘设备，空调器，风机盘管，表冷器，密闭门，挡水板，滤水器、溢水盘，金属壳体，过滤器，净化工作台，风淋室，洁净室，除湿机，人防过滤吸收器等 15 个清单项目。

清单项目均按照名称、型号、规格等列项，除过滤器项目外，计算规则均按设计图示数量计算。过滤器计算规则如下：①以台计量，按设计图示数量计算；②以面积计量，按设计图示尺寸以过滤面积计算。

应注意：通风空调设备安装的地脚螺栓按设备自带考虑。

【例题】依据《通用安装工程工程量计算规范》GB 50856—2013 的规定，风管工程计量中风管长度一律以设计图示中心线长度为准。风管长度中包括（   ）。（多选）

A. 弯头长度   B. 三通长度   C. 天圆地方长度   D. 部件长度

【答案】ABC

【解析】风管长度一律以设计图示中心线长度为准（主管与支管以其中心线交点划分），包括弯头、三通、变径管、天圆地方等管件的长度，但不包括部件所占的长度。

2. 通风管道制作安装（编码：030702）

通风管道制作安装工程量清单共包括碳钢通风管道，净化通风管道，不锈钢板通风管道，铝板通风管道，塑料通风管道，玻璃钢通风管道，复合型风管，柔性软风管，弯头导流叶片，风管检查孔，温度、风量测定孔等 11 个清单项目。

（1）碳钢通风管道、净化通风管道、不锈钢板通风管道、铝板通风管道、塑料通风管道、玻璃钢通风管道、复合型风管按照名称、形状、规格、板材厚度等列项，按设计图示内径尺寸以展开面积计算；

（2）柔性软风管按照名称、材质、规格等列项，计算规则有两种：①以米计量，按设计图示中心线以长度计算；②以节计量，按设计图示数量计算；

（3）弯头导流叶片按照名称、材质、规格等列项，计算规则有两种：①以面积计量，按设计图示以展开面积平方米计算；②以组计量，按设计图示数量计算；

（4）风管检查孔按照名称、材质、规格列项，计算规则有两种：①以千克计量，按风管检查孔质量计算；②以个计量，按设计图示数量计算；

（5）温度、风量测定孔按照名称、材质、规格等列项，按设计图示数量计算；

（6）通风管道制作安装工程量清单应注意：

1）风管展开面积，不扣除检查孔、测定孔、送风口、吸风口等所占面积；风管长度一律以设计图示中心线长度为准（主管与支管以其中心线交点划分），包括弯头、三通、变径管、天圆地方等管件的长度，但不包括部件所占的长度。风管展开面积不包括风管、管口重叠部分面积。风管渐缩管：圆形风管按平均直径；矩形风管按平均周长。

2）穿墙套管按展开面积计算，计入通风管道工程量中。

3）通风管道的法兰垫料或封口材料，按图纸要求应在项目特征中描述。

4）净化通风管的空气洁净度按 1 级标准编制，净化通风管使用的型钢材料如要求镀锌时，工作内容应注明支架镀锌。

5）弯头导流叶片数量，按设计图纸或规范要求计算。

6）风管检查孔、温度测定孔、风量测定孔数量，按设计图纸或规范要求计算。

【例题】某空调风管系统绝热要求采用厚度为 40mm 的橡塑板，其中 800mm×400mm 风管为 88m，600mm×400mm 风管为 68m，400mm×200mm 风管为 24m，风管法兰间距均为 1m，宽度为 150mm，要求计算绝热工程量。

【解析】风管绝热工程量：

$S_1 = （0.8+0.4）×2×88 + （0.6+0.4）×2×68 + （0.4+0.2）×2×24 = 376（m^2）$

风管法兰绝热工程量：

$$S_2 = [（0.88+0.48）×2×（88+1）+（0.68+0.48）×2×（68+1）$$
$$+（0.48+0.28）×2×（24+1）]×0.15 = 66.02（m^2）$$

总绝热工程量 $S = S_1 + S_2 = 376 + 66.02 = 442.02（m^2）$

【例题】图 5-3 中所示尺寸只作为举例使用，实际工程中需按照图纸设计比例丈量风管长度。按照图中所示尺寸，风管工程量计算见表 5-7。

风管工程量计算表   表 5-7

项目名称	单位	规格 /mm	周长 /m	长度 /m	工程量 /m	备注
钢板风管	m^2	800×500	2×（0.8+0.5）	1.5+1.1+1+0.3=3.9	10.14	弯头算至中心线交点
钢板风管	m^2	500×400	2×（0.5+0.4）	0.3+0.3=0.6	1.08	变径管按中心划分
钢板风管	m^2	300×300	2×（0.3+0.3）	0.4+0.65=1.05	1.26	支管算至主管中心

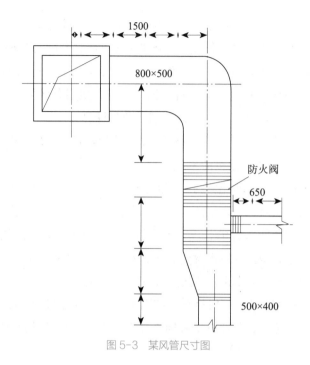

图 5-3 某风管尺寸图

特别强调：若设计要求风管穿墙时需做套管，风管穿墙套管的计算应按套管展开面积计算工程量。在风管系统末端均要进行封堵，其风管末端堵头的计算，按堵板面积计算其工程量。穿墙套管、风管末端堵头均执行风管制作、安装相应子目。

3. 通风管道部件制作安装（编码：030703）

通风管道部件制作安装工程量清单共包括碳钢阀门，柔性软风管阀门，铝蝶阀，不锈钢蝶阀，塑料阀门，玻璃钢蝶阀，碳钢风口、散流器、百叶窗，不锈钢风口、散流器、百叶窗，塑料风口、散流器、百叶窗，玻璃钢风口，铝及铝合金风口、散流器，碳钢风帽，不锈钢风帽，塑料风帽，铝板伞形风帽，玻璃钢风帽，碳钢罩类，塑料罩类，柔性接口，消声器，静压箱，人防超压自动排气阀，人防手动密闭阀，人防其他部件 24 个清单项目。

（1）碳钢阀门，柔性软风管阀门，铝蝶阀，不锈钢蝶阀，塑料阀门，玻璃钢蝶阀，碳钢风口、散流器、百叶窗，不锈钢风口、散流器、百叶窗，塑料风口、散流器、百叶窗，玻璃钢风口，铝及铝合金风口、散流器，碳钢风帽，不锈钢风帽，塑料风帽，铝板伞形风帽，玻璃钢风帽，碳钢罩类，塑料罩类按照名称、规格等列项，按设计图示数量以"个"为单位计算；

（2）柔性接口按照名称、规格、材质、类型等列项，按设计图示尺寸以展开面积计算；

（3）消声器按照名称、规格、材质、形式等列项，按设计图示数量以"个"为单位计算；

（4）静压箱按照名称、规格、形式等列项，计算规则有两种：①以个计量，按设计图示数量计算；②以平方米计量，按设计图示尺寸以展开面积计算；

（5）人防超压自动排气阀、人防手动密闭阀按照名称、型号、规格等列项，按设计图示数量以"个"为单位计算；

（6）人防其他部件按照名称、型号、规格等列项，按设计图示数量以"个（套）"为单位计算；

（7）通风管道部件制作安装工程量清单应注意：

1）通风部件如图纸要求制作安装或用成品部件只安装不制作，这类特征在项目特征中应明确描述。

2）静压箱的面积计算：按设计图示尺寸以展开面积计算，不扣除开口的面积。

4. 通风工程检测、调试（编码：030704）

通风工程检测、调试工程量共包括通风工程检测、调试，风管漏光试验、漏风试验2个清单项。

（1）通风工程检测、调试按照风管工程量列项，按通风系统计算，计量单位为系统；

（2）风管漏光试验、漏风试验按照漏光试验、漏风试验、设计要求列项，按设计图纸或规范要求以展开面积计算。

5.4.2 通风空调工程定额应用

《2012北京市安装工程预算定额》第七册《通风空调工程》与《安装工程量计算规范2013》项目设置基本保持一致，对特殊项目和新增项目的计算规则做了补充规定，计量单位与规范一致，定额每节标题后的九位编码与规范一致，便于工程造价人员在编制招标控制价或进行投标报价时使用。

本节包括通风空调设备及部件制作安装、薄钢板通风管道及附件、玻璃钢通风管道、复合型通风管道、柔性软风管、阀门、风口、风帽、罩类、消声装置、地下人防通风、措施项目费用和附录等共12章。

本定额规定了通风空调工程系统调试费的计取方法，通风空调工程系统调试费，按系统工程人工费的14%计算，其中人工费占25%。系统调试费中的人工费应作为计取措施项目费用的基数。系统调试费作为构成工程实体的费用，在工程量清单计价中应列入分部分项工程费用中。系统调试费中的人工费应作为计取措施项目费用的基数。

空调工程中的空调水管道及阀门等附属配件的安装，空调水系统调试等工作均执行《2012北京市安装工程预算定额》第十册《给排水、采暖、燃气工程》相应项目。

通风管道种类很多，按风管截面形状分，有圆形风管和矩形风管；按材质不同分薄钢板风管、不锈钢板风管、铝板风管、塑料风管、玻璃钢风管和保温玻璃钢风管等。

在套用定额时应区分风管截面、材质及连接方式等，分别套用相应定额子目。

为辅助理解，此处给出工程量计算公式及例题。

工程量计算：

管道工程量计算：风管制作安装按图示不同规格以展开面积计算。不扣除检查孔、测定孔、送风口、吸风口等所占面积。定额计量单位为"10m²"，

圆管：

$$F=\pi DL$$

矩形风管：

$$F=（边宽+边长）\times 2 \times L$$

式中　F——风管展开面积（m²）；

　　　D——圆形风管直径（m）；

　　　L——管道中心线长度（m）。

在工程量计算时，风管长度一律以施工图中心线为准（立管与支管以其中心线交点划分），包括弯头、三通、四通、变径管、天圆地方等管件的长度，但不包括部件（如阀门）所占长度。直径和周长按图示尺寸为准展开，咬口重叠部分已包括在定额内，不得另行增加。

在计算风管长度时应扣除的部件长度（L）如下：

（1）蝶阀：L=150mm。

（2）对开式多叶调节阀：L=210mm。

（3）圆形风管防火阀：$L=D+240$mm，D 为风管直径。

（4）矩形风管防火阀：$L=B+240$mm，B 为风管高度。

（5）止回阀：L=300mm。

（6）密闭式斜插板阀：$L=D+200$nm，D 为风管直径。

通风管道主管与支管是从其中心线交点处划分以确定中心线长度的，分别如图5-4~图5-6所示。

在图5-4中，主管展开面积为：

$$S_1=\pi D_1 L_1$$

支管展开面积为：

$$S_2=\pi D_2 L_2$$

在图5-5中，主管展开面积为：

$$S_1=\pi D_1 L_1$$

支管展开面积为：

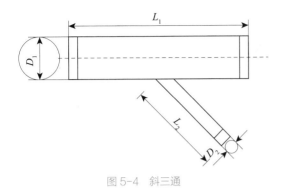

图 5-4　斜三通

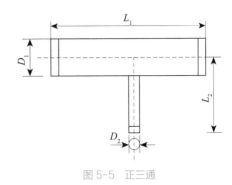

图 5-5　正三通

$$S_2=\pi D_2 L_2$$

在图 5-6 中，主管展开面积为：

$$S_1=\pi D_1 L_1$$

支管 1 展开面积为：

$$S_2=\pi D_2 L_2$$

支管 2 展开面积为：

$$S_2=\pi D_3\left(L_{31}+L_{32}+2\pi r\theta\right)$$

式中　θ——弧度，$\theta=$ 角度 $\times 0.01745$，角度为中心线夹角；

　　　r——弯曲半径。

【例题】如图 5-7 所示，已知风管安装高度为 5.5m，材质为厚度为 0.5mm 的普通镀锌薄钢板固形风管，采用咬口连接，风管尺寸如图，弯头的弯曲半径 $R=300$mm，弯曲度数为 60°、90° 两种。试计算风管工程量。

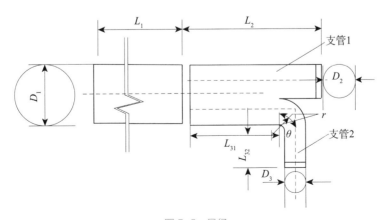

图 5-6　异径

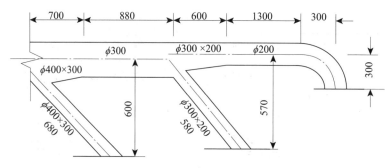

图 5-7　某工程风管示意图

【解析】分析：根据镀锌钢板圆形风管薄钢板（δ=1.2mm 以内、咬口）的定额项目，可知本题需划分两项计算风管面积。直径 200mm 以内（含 200mm）的套用定额子目 9-1；直径 500mm 以下套用定额子目 9-2。工程量计算时，风管的长度应按管道中心线展开长度计算（弯头处的中心线长度应根据弯曲半径 r 和圆心角度数 θ 来计算，即 $L=\dfrac{\theta\pi r}{180°}$）。渐缩管应按平均直径计算。

工程量计算

$\phi200$：

$$F=\pi DL=3.14\times0.2\text{m}\times\left(1.3+\frac{90°\times3.14\times0.3\text{m}}{180°}\right)$$

$$=3.14\times0.2\text{m}\times1.771\text{m}$$

$$=1.11（\text{m}^2）$$

$\phi300\times200$ 渐缩管：

$$F=\pi DL=3.14\times\frac{0.2\text{m}+0.3\text{m}}{2}\times\left(0.6\text{m}+0.58\text{m}+\frac{60°\times3.14\times0.3\text{m}}{180°}\right)$$

$$=3.14\times0.25\text{m}\times1.494\text{m}$$

$$=1.17（\text{m}^2）$$

$\phi300$：

$$F=\pi DL=3.14\times0.3\text{m}\times0.88\text{m}=0.83（\text{m}^2）$$

$\phi400\times300$ 渐缩管：

$$F=\pi DL=3.14\times\frac{0.4\text{m}+0.3\text{m}}{2}\times\left(0.7\text{m}+0.68\text{m}+\frac{60°\times3.14\times0.3\text{m}}{180°}\right)$$

$$=3.14\times0.35\text{m}\times1.694\text{m}$$

$$=1.86（\text{m}^2）$$

1. 通风空调设备及部件制作安装

通风空调设备及部件制作安装包括空气加热器（冷却器）、空调器及空调机组、风机盘管、密闭门、过滤器、净化工作台、风淋室、风机及其他通风设备、冷却塔、冷水机组安装，设备支架及底部垫料制作安装等共十一节161个子目。

（1）工程量计算规则

设备均按设计图示数量计算。

1）空气加热器（冷却器）安装不分型号，按加热器（冷却器）本身重量计算。

2）空调器安装：①空气幕分类型及安装方式计算；②空调机组按制冷量（或风量）计算；③新风净化机按风量及类型计算；④新风换气机按风量及安装方式计算；⑤热回收机组分类型及风量计算。

3）风机盘管不分型号按安装方式计算。

4）钢板密闭门分规格计算。

5）屏风格架式高中效过滤器按过滤器净面积计算；单体接管式高中效过滤器按设计选用型号计算。

6）通风机按类型、安装方式及型号计算。

7）风机箱按安装方式及风量计算。

8）屋顶自然通风器按直径计算。

9）冷水机组按制冷量计算。

10）冷却塔按设备本身冷却水量计算。

11）设备支架及底部垫料：①设备支架按重量计算；②风机吊架按风机型号计算；③设备底部垫料分材质计算。

（2）计价注意事项

1）设备安装定额中，包括随设备配备的设备支架或底部垫料安装，不得另计。

2）多联体空调室外机安装按制冷量执行相应子目，室内机按安装方式执行风机盘管安装相应子目。

3）高中效过滤器安装定额中已包括试装，不论设计是否要求，定额均不调整。

4）净化设备安装定额中不包括型钢镀锌费，如设计要求镀锌时，其费用另计。

5）各类风机型号的设置参见《通风与空调工程》91SB6-1（2005）图集。通风机安装定额中包括电动机安装，适用于各种连接形式，也适用于不锈钢风机和塑料风机安装。

6）轴流风机墙内安装，定额中不包括墙外弯管以及弯管出口端风口制作安装；弯管执行第二章风管制作安装相应子目，人工乘以系数3.0；风口执行第七章相应子目。

7）轴流风机若安装在混凝土台座上，执行混（斜）流风机混凝土台座安装子目。

8）混（斜）流风机吊架制作安装，定额包括减振器安装，其减振器价值另计；若减振器数量与设计要求不同时可以调整，其他不变。

9）离心式通风机安装，定额包括减振钢台座和减振器安装，其中减振钢台座按设备自带考虑，定额中不包括减振器价值，若减振器数量与设计要求不同时可以调整，其他不变。

10）冷却塔安装定额中不包括现场组装的费用，地脚螺栓按随设备配备考虑。

11）轴流风机吊装安装，其支架制作安装执行混流风机吊装支架制作安装定额，定额乘以系数 0.9（减振器含量除外）。具体做法见表 5-8。

轴流风机吊架制作安装定额　　　　　　　表 5-8

轴流风机型号（以内）	5	6.3	7.1	8	9	10
吊架制作安装	1−157×0.9	1−158×0.9		1−159×0.9		

2. 薄钢板通风管道及附件

薄钢板通风管道及附件包括薄钢板通风管道、净化通风管道、薄钢板通风管道附件、静压箱等制作安装，通风管道检测、通风管道场外运输等共七节 107 个子目。

（1）工程量计算规则

1）通风管道按设计图示内径尺寸以展开面积计算；分直径（或大边长）以平方米计量，检查孔、测定孔、送回风口等所占的开孔面积不扣除。

2）风管长度一律以图示管的中心线长度为准，不扣除弯头、三通、变径管等异径管件的长度，但应扣除阀门及部件所占长度。中心线的起止点均以管的中心线交点为准。

3）弯头导流叶片按设计图示数量或规范要求计算。

4）检查孔分规格计算。

5）静压箱分大边长，按其展开面积计算，所接风管的开口面积不扣除。

6）风道漏光量、漏风量测试按需测试风管的面积计算。

7）风管运输，按薄钢板通风管道、静压箱、罩类及泛水的展开面积计算。

（2）计价注意事项

1）风管咬口制作，定额中不分单、双咬口及按扣式咬口，综合考虑了各种咬口形式，按风管规格执行相应子目。

2）风管咬口制作，定额是按镀锌钢板编制的，若与设计要求不同时，板材可以换算，其他不变。

3）钢板风管安装（焊接）项目中不包括探伤费用，若设计要求探伤时，执行第八册《工业管道工程》相应子目。

4）净化风管制作、安装项目中不包括型钢镀锌费，如设计要求镀锌时，其费用另计。

5）整个通风系统设计采用渐缩管均匀送风时，按平均直径（或大边长）执行相应定额子目，其人工乘以系数 2.5；设计采用弧形风管时，执行风管制作、安装相应定额子目，其人工和材料用量均乘以系数 1.12。

6）静压箱若使用在净化通风系统中，执行静压箱制作、安装定额，其人工乘以系数 1.1，材料用量乘以系数 1.2。

7）风管穿墙套管按套管展开面积、风管末端堵头按堵板面积计算工程量，均执行风管制作、安装相应子目。

8）弯头导流叶片制作安装，定额是按单叶片编制的，如采用香蕉形双叶片，其人工和材料用量均乘以系数 2.5。

3. 玻璃钢通风管道

玻璃钢通风管道包括玻璃钢风管安装等共三节 14 个子目。

（1）工程量计算规则

1）通风管道按设计图示外径尺寸以展开面积计算。分直径（或大边长）以平方米计量，检查孔、测定孔、送回风口等所占的开孔面积不扣除。

2）风管长度一律以图示管的中心线长度为准，不扣除弯头、三通、变径管等异径管件的长度，但应扣除阀门及部件所占长度。中心线的起止点均以管的中心线交点为准。

（2）计价注意事项

1）玻璃钢通风管道计算规则同《安装工程量计算规范 2013》附录 G。

2）玻璃钢风管管件、法兰及加固框均按成品编制；若风管需修补时，其费用另计。

3）插接式玻璃钢风管安装定额中不包括风管与阀部件连接的法兰，按设计要求计算，执行设备支架 20kg 以内定额子目，定额乘以系数 1.4。

4. 复合型通风管道

复合型通风管道包括复合型风管安装等共三节 18 个子目。

（1）工程量计算规则

1）通风管道按设计图示外径尺寸以展开面积计算。分直径（或大边长）以平方米计量，检查孔、测定孔、送回风口等所占的开孔面积不扣除。

2）风管长度一律以图示管的中心线长度为准，不扣除弯头、三通、变径管等异径管件的长度，但应扣除阀门及部件所占长度。中心线的起止点均以管的中心线交点为准。

（2）计价注意事项

1）与玻璃钢通风管道计算规划相同；除机制玻镁复合风管外，其他风管管件、法兰及加固框均按成品编制；若风管需修补时，其费用另行计算。

2）无法兰连接复合风管安装定额中不包括风管与阀部件连接的法兰，按设计要求计算，执行设备支架 20kg 以内定额子目，定额乘以系数 1.4。

5. 柔性软风管

柔性软风管包括柔性软管及软管接头制作安装等共三节 14 个子目。

（1）工程量计算规则

1）各连接管分规格计算。

2）软管接头按设计图示尺寸以展开面积计算。

（2）计价注意事项

硅玻钛软管接头制作安装，定额是按现场配制法兰编制的。若采用成品，则扣除定额子目中的型钢含量,人工乘以系数 0.5。

6. 阀门

阀门包括防火调节阀、多叶调节阀、其他调节阀、三通调节阀制作安装、余压阀、排烟风口及控制装置安装等共七节 58 个子目。

(1)工程量计算规则

1)阀门均按设计图示数量计算。

2)调节阀、排烟风口分规格计算。

3)三通调节阀按调节阀 - 边支风管周长计算。

(2)计价注意事项

1)三通调节阀执行定额时按调节阀 - 边支风管周长选用子目。

2)各类保温、防爆等阀门,均执行本章节的相应子目。

3)蝶阀、止回阀安装均执行其他调节阀安装子目。

4)排烟口安装项目,适用于防火排烟口、加压送风口的安装。

7. 风口

风口包括百叶风口、带调节阀(过滤器)百叶风口、散流器、带调节阀散流器、条形风口、旋流风口、孔板风口安装和矩形网式风口、金属网框制作安装等共九节 59 个子目。

(1)工程量计算规则

1)风口、散流器均按设计图示数量计算。

2)风口分规格计算,阶梯组合型旋流风口按每组风口数量计算。

3)散流器按所接风管直径(或周长)计算。

4)金属网框分规格按框内面积计算。

(2)计价注意事项

1)百叶风口安装项目,适用于单层百叶风口、双层百叶风口、连动百叶风口、活动百叶风口、格栅风口等。

2)条形风口安装项目,适用于条线型散流器和条缝风口安装;若连续安装二个以上条缝风口,其安装所需增加的木带(条),定额内不含,应另行计算。

3)风口安装项目,不包括吊顶安装时需预留的框子,另行计算。

4)若风口安装在风管壁上,风口与风管连接的短节按实际长度及风口规格计算展开面积,执行第二章风管制作安装相应子目。

5)当风机出、入口不连接风管而加装安全网框时,其网框执行金属网框制作安装相应子目。

8. 风帽

风帽包括伞形风帽、圆锥形风帽、筒形风帽、风帽泛水等共四节 36 个子目。

(1)工程量计算规则

1）风帽按设计图示数量计算。

2）风帽泛水按下口直径（或大边长）以展开面积计算。

（2）计价注意事项

1）风帽及风帽泛水制作安装，定额均按镀锌钢板编制，若与设计要求不同时，板材可以换算，其他不变。

2）伞形风帽不分形状，均执行同一子目。

9. 罩类

罩类包括皮带防护罩、电动机防雨罩和一般排气罩共三节15个子目。

（1）工程量计算规则

1）皮带防护罩、电动机防雨罩均按设计图示数量计算。

①皮带防护罩按皮带周长分规格计算。

②电动机防雨罩按罩体下口周长分规格计算。

2）一般排气罩按罩体下口周长，分规格以罩体的展开面积计算。

（2）计价注意事项

各种罩类制作安装，定额均按镀锌钢板编制，若与设计要求不同时，板材可以换算，其他不变。

10. 消声装置

消声装置包括管式消声器、阻抗式消声器、微穿孔板消声器、消声弯头安装等共四节23个子目。

（1）工程量计算规则

消声器、消声弯头均按设计图示数量计算。

1）消声器按所接风管周长分规格计算。

2）消声弯头按所接风管周长分规格计算。

（2）计价注意事项

1）管式消声器安装项目适用于各类管式消声器安装。

2）成品消声静压箱安装，按所接风管最大规格执行阻抗复合式消声器相应子目。

11. 地下人防通风

地下人防通风包括地下人防设备安装、人防风管、阀部件及其他、密闭套管制作安装等共四节67个子目。

（1）工程量计算规则

1）地下人防设备按设计图示数量计算。

2）人防设备支架制作安装，按设备形式分型号计算。

3）通风管道按设计图示内径尺寸以展开面积计算。

①分直径（或大边长）以平方米计量，检查孔、测定孔、送回风口等所占的开孔面积不扣除。

②风管长度一律以图示管的中心线长度为准，不扣除弯头、三通、变径管等异形管件的长度,但应扣除阀门及部件所占长度。中心线的起止点均以管的中心线交点为准。

4）阀部件均按设计图示数量计算。

①自动排气活门、密闭阀按型号计算；

②插板阀分规格计算；

③其他阀部件不分规格计算。

5）取样接头按连接方式以设计图示数量计算。

6）密闭套管分型号、按所穿墙管道直径以设计图示数量计算。

（2）计价注意事项

1）地下人防通风系统中的风机、阀件、风口、消声装置等安装，均执行本册其他章节相应子目。

2）测压装置安装包括煤气嘴、斜管压力计及连接胶管的安装；取样接头安装按在风管上开孔连接编制；测压装置和取样接头定额中均未包括所连接的管道、阀门安装，按设计要求另行计算，执行第十册《给排水、采暖、燃气工程》相应子目。

3）管道穿密闭墙项目，按管道穿墙形式分为Ⅰ、Ⅱ、Ⅲ型。Ⅰ型适用于铁皮风管直接浇入钢筋混凝土墙内的穿墙安装，Ⅱ型适用于测压管、取样管的穿墙安装，Ⅲ型适用于铁皮风管不直接浇入钢筋混凝土墙的穿墙安装。

【例题】全面通风可分为稀释通风、单向流通风、（　　　）。（多选）

A. 循环通风　　　　　　　　　B. 双向流通风

C. 置换通风　　　　　　　　　D. 均匀流通风

【答案】CD

【解析】本题考查的是通风与空调工程施工技术。全面通风可分为稀释通风、单向流通风、均匀流通风和置换通风四种形式。

【例题】集中处理部分或全部风量,然后送往各房间（或各区),在各房间（或各区）再进行处理的空调系统类型为（　　　）。

A. 集中式系统　　　　　　　　B. 半集中式系统

C. 分散系统　　　　　　　　　D. 半分散系统

【答案】B

【解析】本题考查的是通风与空调工程施工技术。半集中式系统集中处理部分或全部风量，然后送往各房间（或各区),在各房间（或各区）再进行处理的系统。

【例题】消耗较多的冷量和热量，主要用于空调房间内产生有毒有害物质而不允许利用回风的场所的空调系统类型为（　　　）。

A. 封闭式系统　　　　　　　　B. 直流式系统

C. 半直流式系统　　　　　　　D. 混合式系统

【答案】B

【解析】本题考查的是通风与空调工程施工技术。直流式系统消耗较多的冷量和热量，主要用于空调房间内产生有毒有害物质而不允许利用回风的场所。

【例题】轴流式风机与离心式风机相比的特点为（　　　）。

A. 当风量等于零时，风压最大

B. 风量越大，输送单位风量所需功率越大

C. 风机的允许调节范围（经济使用范围）很大

D. 大量应用于空调挂机、空调扇、风幕机等设备中

【答案】A

【解析】本题考查的是通风与空调工程施工技术。轴流式风机与离心式风机相比有以下特点：①当风量等于零时，风压最大。②风量越小，输送单位风量所需功率越大。③风机的允许调节范围（经济使用范围）很小。贯流式通风机又叫横流风机，目前大量应用于空调挂机、空调扇、风幕机等设备中。

【例题】对于防爆等级低的通风机，叶轮与机壳的制作材料为（　　　）。

A. 叶轮用铝板，机壳用钢板 　　　　B. 叶轮用钢板，机壳用铝板

C. 叶轮用铝板，机壳用铝板 　　　　D. 叶轮用钢板，机壳用钢板

【答案】A

【解析】本题考查的是通风与空调工程施工技术。对于防爆等级低的通风机，叶轮用铝板制作，机壳用钢板制作；对于防爆等级高的通风机，叶轮、机壳则均用铝板制作。

【例题】主要用于小断面风管调节风量的风阀是（　　　）。

A. 蝶式调节阀 　　　　　　　　　　B. 三通调节阀

C. 菱形多叶调节阀 　　　　　　　　D. 复式多叶调节阀

【答案】A

【解析】本题考查的是通风与空调工程施工技术。蝶式调节阀、菱形单叶调节阀和插板阀主要用于小断面风管；平行式多叶调节阀、对开式多叶调节阀和菱形多叶调节阀主要用于大断面风管；复式多叶调节阀和三通调节阀用于管网分流、合流或旁通处的各支路风量调节。

【例题】空调系统中常用的送风口，具有均匀散流特性及简洁美观的外形，可根据使用要求制成正方形或长方形，能配合任何顶棚的装修要求，这种风口是（　　　）。

A. 双层百叶风口 　　　　　　　　　B. 旋流风口

C. 散流器 　　　　　　　　　　　　D. 球形可调风口

【答案】C

【解析】本题考查的是通风与空调工程施工技术。散流器：空调系统中常用的送风口，具有均匀散流特性及简洁美观的外形，可根据使用要求制成正方形或长方形，能配合任何顶棚的装修要求。

【例题】在排风系统中，利用生产过程或设备产生的气流，诱导有害物随气流进入

罩内的排风罩是（　　）。

　　A.局部密闭罩　　　　　　　　　B.外部吸气罩

　　C.接受式排风罩　　　　　　　　D.吹吸式排风罩

【答案】C

【解析】本题考查的是通风与空调工程施工技术。接受式排风罩。有些生产过程或设备本身会产生或诱导一定的气流运动，只需把排风罩设在污染气流前方，有害物会随气流直接进入罩内。

【例题】一种最简单的消声器，利用多孔吸声材料来降低噪声，制作方便，阻力小，但只适用于较小的风道，直径一般不大于400mm风管，这种消声器是（　　）。

　　A.管式消声器　　　　　　　　　B.微穿孔式消声器

　　C.阻抗复合式消声器　　　　　　D.消声弯头

【答案】A

【解析】本题考查的是通风与空调工程施工技术。管式消声器主要利用多孔吸声材料来降低噪声，是一种最简单的消声器。特点是制作方便，阻力小，但只适用于较小的风道，直径一般不大于400mm风管。管式消声器仅对中、高频率吸声有一定的消声作用，对低频性能很差。

【例题】民用建筑空调制冷工程中，具有制造简单、价格低廉、运行可靠、使用灵活等优点，在民用建筑空调中占重要地位的冷水机组是（　　）。

　　A.离心式冷水机组　　　　　　　B.活塞式冷水机组

　　C.螺杆式冷水机组　　　　　　　D.转子式冷水机组

【答案】B

【解析】本题考查的是通风与空调工程施工技术。活塞式冷水机组是民用建筑空调制冷中采用时间最长、使用数量最多的一种机组，它具有制造简单、价格低廉、运行可靠、使用灵活等优点，在民用建筑空调中占重要地位。

【例题】空调系统的主要设备中，通常用在电力紧张的地方，但需要提供蒸汽或高温热水的吸收式制冷机组为（　　）。

　　A.压缩式制冷机　　　　　　　　B.离心式制冷机

　　C.吸收式冷水机　　　　　　　　D.蓄冷式冷水机

【答案】C

【解析】本题考查的是通风与空调工程施工技术。吸收式冷水机组通常用在电力紧张的地方，但需要提供蒸汽或高温热水。

【例题】空调系统中，对空气进行减湿处理的设备有（　　）。（多选）

　　A.蒸发器　　　　B.表面式冷却器　　　　C.喷水室　　　　D.加热器

【答案】BC

【解析】本题考查的是通风与空调工程施工技术。在空调系统中应用喷水室的主要优点在于能够实现对空气加湿、减湿、加热、冷却多种处理过程，并具有一定的空气净化能力。表面式冷却器又分为水冷式和直接蒸发式两类，可以实现对空气减湿、加热、冷却多种处理过程。

【例题】空调冷冻机组内的管道安装，应编码列项的工程项目是（　　）。

A. 通风空调工程　　　　　　　　　B. 工业管道工程

C. 消防工程　　　　　　　　　　　D. 给排水、采暖、燃气工程

【答案】B

【解析】本题考查的是通风与空调工程计量。冷冻机组内的管道安装，应按工业管道工程相关项目编码列项。冷冻站外墙皮以外通往通风空调设备供热、供冷、供水等管道，应按给排水、采暖、燃气工程相关项目编码列项。

【例题】依据《通用安装工程工程量计算规范》GB 50856—2013 的规定，计算通风管道制作安装工程量时，应按其设计图示以展开面积计算，其中需扣除的面积为（　　）。

A. 送、吸风口面积　　　　　　　　B. 风管蝶阀面积

C. 测定孔面积　　　　　　　　　　D. 检查孔面积

【答案】B

【解析】本题考查的是通风与空调工程计量。风管展开面积，不扣除检查孔、测定孔、送风口、吸风口等所占面积；风管展开面积不包括风管、管口重叠部分面积。风管渐缩管：圆形风管按平均直径，矩形风管按平均周长。

【例题】依据《通用安装工程工程量计算规范》GB 50856—2013 的规定，风管工程量中风管长度一律以设计图示中心线长度为准。风管长度中包括（　　）。（多选）

A. 弯头长度　　　B. 三通长度　　　C. 天圆地方长度　　　D. 部件长度

【答案】ABC

【解析】本题考查的是通风与空调工程量计量。风管长度一律以设计图示中心线长度为准，包括弯头、三通、变径管、天圆地方等管件的长度，但不包括部件所占的长度。

【例题】下列关于《2012 北京市安装工程预算定额》第七册《通风空调工程》内容正确的为（　　）。

A. 通风系统设计采用渐缩管均匀送风时，按平均直径（或大边长）执行相应定额子目

B. 静压箱若使用在净化通风系统中，执行静压箱制作、安装定额，人工乘以系数 1.2

C. 镀锌钢板、铝板保护层厚度大于 0.5mm，可换算板材价格，人工乘以系数 1.1

D. 不锈钢薄板作保护层时，执行本章镀锌钢板保护层定额子目，人工乘以系数 1.2

【答案】A

【解析】本题考查的是《2012 北京市安装工程预算定额》第七册《通风空调工程》。整个通风系统设计采用渐缩管均匀送风时，按平均直径（或大边长）执行相应定额子目，其人工乘以系数 2.5。

　　静压箱若使用在净化通风系统中,执行静压箱制作、安装定额,其人工乘以系数 1.1,材料用量乘以系数 1.2。

　　镀锌钢板、铝板保护层定额,金属板厚度是按 0.5mm 以下综合考虑的,若采用厚度大于 0.5mm,可换算板材价格,其人工乘以系数 1.2。

　　若采用不锈钢薄板作保护层时,执行本章镀锌钢板保护层定额子目;主材可以换算,其人工乘以系数 1.25,机械含量乘以系数 1.15。

本章小结

　　(1)通风空调工程分为通风工程和空调工程,分别介绍了通风空调工程系统的组成、常见通风方式以及工作原理。系统介绍了通风空调工程关键设备、通风管道、风管部件的功能特点以及安装事项。

　　(2)结合工程特点筛选出常用通风空调工程涉及的相关图例如风道、风道阀门及附件、风口及附件、通风空调设备等图例;并提出可操作的识图步骤:设计说明→系统原理方框图→系统平面图。

　　(3)《安装工程量计算规范 2013》附录 G 通风空调工程主要包括通风及空调设备及部件制作安装、通风管道制作安装、通风管道部件制作安装、通风工程监测及调试。

思考题

　　1. 常用的空调设备有哪些?

　　2. 简述通风工程与空调工程的联系。

　　3. 风管工程量计算包含哪些内容?

　　4. 简述柔性软风管工程量计算规则。

6

建筑智能化工程

学习要点：

（1）认识建筑智能化工程的概念及系统构成，了解建筑智能化工程中建筑自动化系统，以及其所含供配电、给排水、暖通空调、照明、电梯、消防、安全防范、车库管理等监控子系统的组成及功能特点。

（2）了解建筑智能化工程常用系统的组成、功能及作用机制。

（3）掌握建筑智能化工程所含的计算机应用、网络系统工程、综合布线系统工程、建筑设备自动化系统工程、建筑信息综合管理系统工程、有线电视、卫星接收系统工程、音频、视频系统工程、安全防范系统工程七个分部的工程量计算规范以及预算定额应用。

6.1 建筑智能化工程概述

建筑智能的概念最早由美国于 20 世纪 80 年代提出，在 20 世纪 90 年代我国逐步开展并迈入当前的高速发展时期。《智能建筑设计标准》GB/T 50314—2015 将智能建筑定义为以建筑物为平台，基于对各类智能化信息的综合应用，集架构、系统、应用、管理及优化组合为一体，具有感知、传输、记忆、推理、判断和决策的综合智慧能力，形成以人、建筑、环境互为协调的整合体，为人们提供安全、高效、便利及可持续发展功能环境的建筑。

智能建筑系统由上层的智能建筑系统集成中心（SIC）和下层的 3 个智能化子系统构成。智能化子系统包括楼宇自动化系统（BAS）、通信自动化系统（CAS）和办公自动化系统（OAS）。BAS、CAS 和 OAS 三个子系统为建筑智能化系统的核心，简称 3A系统，通过综合布线系统（PDS）连接成一个完整的智能化系统，由 SIC 统一监管，其组成与功能如图 6-1 所示。

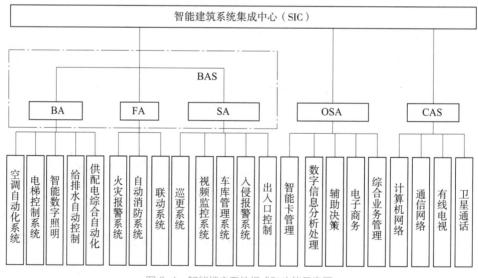

图 6-1 智能楼宇系统组成和功能示意图

系统集成中心（SIC）应具有各个智能化系统信息汇集和各类信息综合管理的功能，并且具有很强的信息处理及信息通信能力。

综合布线（PDS）系统可以传输多种信号，是建筑物或建筑群内部之间的传输网络。它能使建筑物或建筑群内部的电话、电视、计算机、办公自动化设备、通信网络设备、各种测控设备等设备彼此相连，并能接入外部公共通信网络。

6.2 建筑自动化系统

建筑自动化系统（BAS）是一套采用计算机、网络通信和自动控制技术，对建筑物中的设备、安保和消防进行自动化监控管理的中央监控系统。根据现行行业标准，建筑自动化系统（BAS）可分为设备运行管理与监控子系统（BA）、消防（FA）子系统和安全防范（SA）子系统。其中建筑自动化系统（BAS）包括供配电、给排水、暖通空调、照明、电梯、消防、安全防范、车库管理等监控子系统，现分述如下。

1. 供配电监控系统

供配电监控系统的主要功能是保证建筑物安全可靠的供电，主要是对各级开关设备的状态、主要回路的电流、电压、变压器的温度以及发电机运行状态进行监测。

2. 照明监控系统

将全楼的照明分区域、分用途、分性质纳入楼宇自动控制系统进行统一管理。对门厅、走廊、庭院等处照明按顺序启停控制、对厅堂、办公室等地进行无人熄灯控制等，实现楼宇照明方便控制和环保节能的目的。

3. 给排水监控系统

给排水的监控是对各给水泵、排水泵、污水泵及饮用水泵的运行状态及故障情况进行监测，对各种水箱及污水池的水位、给水系统压力、流量进行监测以及根据这些水位及压力状态，启停相应的水泵。

4. 暖通空调监控系统

暖通空调系统是根据室内外各处对温度、湿度不同要求设定差异值，利用分散在室内外各处的感温器及其他空调系统设备进行监控，通过现场控制器对各区域的温度、湿度进行调控，达到节能、舒适、稳定的目的。

5. 电梯监控系统

电梯一般都带有完备的控制装置，但需将其连入楼宇自动化系统，实现数据互联互通，使管理中心能够随时掌握各个电梯的工作状况，在火灾、非法入侵等问题发生时对电梯进行直接的管理控制。

6. 消防监控系统

消防系统又称 FAS（Fire Automation System），是一个相对独立的系统，由火灾报警、水喷淋、送风与排烟、消防通信与紧急广播等子系统组成，传递火灾报警系统的各种状态和报警信息。

【例题】火灾现场报警装置包括（　　　）。

A. 火灾报警控制器　　　　　　　B. 声光报警器

C. 警铃　　　　　　　　　　　　D. 消防电话

【答案】BC

【解析】火灾现场报警装置：

（1）手动报警按钮。手动报警按钮是由现场人工确认火灾后，手动输入报警信号的装置。

（2）声光报警器。火警时可发出声、光报警信号。其工作电压由外控电源提供，由联动控制器的配套执行器件（继电器盒、远程控制器或输出控制模块）中的控制继电器来控制。

（3）警笛、警铃。火警时可发出声报警信号（变调音）。同样由联动控制器输出控制信号驱动现场的配套执行器件完成对警笛、警铃的控制。

6.3　建筑智能化常用系统功能介绍

6.3.1　安全防盗报警系统

1. 系统的组成

（1）探测器。探测器是用来探测入侵者移动或其他动作的电子和机械部件。探测器通常由传感器和信号处理器组成。

（2）传感器。传感器是一种物理量的转化装置，在入侵探测器中，传感器通常把压力、振动、声响、光强等物理量，转换成易于处理的电量（电压、电流、电阻等）。

（3）信号处理器。信号处理器的作用是把传感器转化成的电量进行放大、滤波、整形处理，使它成为一种合适的信号，能在系统的传输信道中顺利地传送。

（4）信道。信道是探测电信号传送的通道。通常分有线信道和无线信道。有线信道是指探测电信号通过线缆向控制中心传输。无线信道则是将探测电信号调制到专用的无线电频道，经天线传输和接收后，解调还原出控制报警信号。

（5）控制器。报警控制器由信号处理器和报警装置组成。报警信号处理器是对信号中传来的探测电信号进行处理，判断出电信号中"有"或"无"情况，并输出相应的判断信号。若信号处理器判断为"有"，报警装置则发出声或光报警。

2. 常用入侵探测器

入侵探测器按防范的范围可分为点型、线型、面型和空间型。对入侵探测器要求为：应有防拆和防破坏保护；应有抗小动物干扰的能力；应有抗外界干扰的能力。

（1）点型入侵探测器

点型报警探测器是指警戒范围仅是一个点的报警器。如门、窗、柜台、保险柜等这些警戒的范围仅是某一特定部位。

（2）直线型入侵探测器

常见的直线型报警探测器为主动红外入侵探测器。探测器发射出一串红外光或激光，经反射或直接射到接收器上，报警器即发出报警信号。

（3）面型入侵探测器

面型报警探测器警戒范围为一个面，当警戒面上出现危害时，即能发生报警信号。

电磁感应探测器更多地被用作面型报警探测器。这种探测器常用的有平行线电场畸变探测器。

（4）空间入侵探测器

空间报警探测器是指警戒范围是一个空间的报警器。当这个警戒空间任意处的警戒状态被破坏，即发生报警信号。

3. 入侵报警控制器

入侵报警控制器的类型分为：

1）小型报警控制器。对于一般的小用户防护的部位很少时，可采用小型报警控制器。

2）区域入侵报警控制器。区域入侵报警控制器利用计算机技术，实现了输入信号的总线制。所有的探测器根据安置的地点，实现统一编码，探测器的地址码、信号以及供电由总线完成。

3）集中入侵控制器。在大型和特大型的报警系统中，由集中入侵控制器把多个区域控制器联系在一起。集中入侵控制器能接收和发给各个区域控制器控制信息，能直接切换出任何一个区域控制器送来的声音和图像复核信号，用录像记录下来。

4. 系统信号的传输

系统信号的传输就是把探测器中的探测电信号送到控制器去进行处理、判别，确认"有""无"入侵行为。探测电信号的传输通常有两种方法：有线传输和无线传输。

（1）有线传输

在小型防范区域内，探测器的电信号直接用双绞线送到入侵报警控制器。双绞线经常用来传送低频模拟信号和频率不高的开关信号。

（2）无线传输

探测器输出的探测电信号经过调制，用一定频率的无线电波向空间发送，由报警中心的控制器所接收，控制中心将接收信号分析处理后，发出报警信号和判断出报警部位。

6.3.2 火灾报警系统

火灾报警系统由三部分组成，即火灾探测、报警和联动控制。火灾探测器将火灾发生初期所产生的烟、热、光转变成电信号，送入报警系统；报警器将收到的报警电信号显示和传递，也就是在发生火灾时发出声、光警报信号，提醒人员撤离；联动控制是在火灾自动报警系统街道报警信号并经确认或人为发现火情后，自动或者手动控制相关设施动作，进行报警、疏散、灭火、减小火灾范围等一系列措施。

1. 火灾探测器

（1）火灾探测器的组成

火灾探测器通常由传感元件、电路、固定部件和外壳等四部分组成。

（2）火灾探测器的类型

1）按信息采集类型分为感烟探测器、感温探测器、火焰探测器、特殊气体探测器；

2）按设备对现场信息采集原理分为离子型探测器、光电型探测器、线性探测器；

3）按设备在现场的安装方式分为点式探测器、缆式探测器、红外光束探测器；

4）按探测器与控制器的接线方式分总线制、多线制。

（3）火灾探测器的设置与布局

1）探测区域内的每个房间至少应设置一只火灾探测器；

2）感烟、感温探测器的保护面积和保护半径应按表6-1确定；

3）探测器周围0.5m范围内不应有遮挡物，包括墙，梁；

4）探测器距空调送风口距离应大于1.5m，并宜接近回风口安装；

5）探测器应尽量水平安装，不得已倾斜安装时，倾斜角不应大于45°。

感烟、感温探测器的保护面积和保护半径 　　　　　　　　　　表 6-1

火灾探测器的种类	地面面积 S（m^2）	房间高度 h（m）	一只探测器的保护面积（A）和保护半径（R）					
			屋顶坡度					
			$\theta \leqslant 15°$		$15° < \theta \leqslant 30°$		$\theta > 30°$	
			A（m^2）	R（m）	A（m^2）	R（m）	A（m^2）	R（m）
感烟探测器	$S \leqslant 80$	$h \leqslant 12$	80	6.7	80	7.2	80	8.0
	$S > 80$	$6 < h \leqslant 12$	80	6.7	100	8.0	120	9.9
		$h \leqslant 6$	60	5.8	80	7.2	100	9.0
感温探测器	$S \leqslant 30$	$h \leqslant 8$	30	4.4	30	4.9	30	5.5
	$S > 30$	$h \leqslant 8$	20	3.6	30	4.9	40	6.3

2. 火灾报警控制器

火灾报警控制器是能够为火灾探测器供电，并能接收、处理及传递探测点的火警电信号，发出声、光报警信号，同时显示及记录火灾发生的部位和时间，向联动控制器发出联动通信信号的报警控制装置。未设置火灾应急广播系统的火灾自动报警系统应设置本装置。每个防火分区应至少设置一个火灾警报装置，并宜放在各层走道靠近楼梯口处。在环境噪声大于60dB的场所，其声压要高于背景噪声15dB。

3. 联动控制器

联动控制器：一种火灾报警联动控制器，两线制总线设计划为若干个通道并行工作，以微控制器为核心，用NV-RAM存储现场编程信息，实现多种联动控制逻辑。

联动控制器的功能：①切断火灾发生区域的正常供电电源，接通消防电源；②能启动消火栓灭火系统的消防泵，能启动自动喷水灭火系统的喷淋泵并显示状态；③能打开雨淋灭火系统的控制阀，启动雨淋泵；④能打开气体或化学灭火系统的容器阀；⑤能控制防火卷帘门的半降、全降；⑥能开防排烟系统的排烟机，显示状态；⑦能控制常用电梯，使其自动降至首层；能使受其控制的火灾应急广播、应急照明系统工作；⑧能使相关的疏散、诱导指示设备、警报装置进入工作状态。

4. 消防通信设备

消防专用电话应为独立的消防通信网络系统。消防控制室应设置消防专用电话总机。重要场所应设置电话分机，分机应为免拨号式的。

6.3.3 综合布线系统

综合布线系统能使数据、语音、图像设备和交换设备相连接，也能与其他信息管理系统相连，并能使这些设备与外部通信网络相连接。综合布线系统包括传输介质、相关连接硬件（如配线架、连接器、插座、插头、适配器）以及电气保护设备等。

1. 综合布线系统的划分

一种划分根据《信息技术用户建筑群的通用布缆》ISO/IEC 11801，将其划分为建筑群主干布线子系统、建筑物主干布线子系统、水平布线子系统、工作区布线子系统四部分，并规定工作区布线为非永久性部分。另一种划分根据通信线路和接续设备的分离及美国标准 ANSI/EIA/TIA 568A，把综合布线系统划分为：建筑群子系统、干线（垂直）子系统、配线（水平）子系统、设备间子系统、管理子系统、工作区子系统共6个独立的子系统。

2. 系统的综合布线

综合布线系统是一个极其灵活的、模块化的布线系统。它的布线可分为如下子系统。

（1）建筑群干线子系统布线

从建筑群配线架到各建筑物配线架属于建筑群干线布线子系统，通常采用光缆作为传输介质。该子系统包括建筑群干线电缆、建筑群干线光缆及其在建筑群配线架和建筑物配线架上的机械终端和建筑群配线架上的接插软线和跳接线。

（2）建筑物干线子系统布线

从建筑物配线架到各楼层配线架属于建筑物干线布线子系统（有时也称垂直干线子系统），通常采用光缆或大对数电缆。该子系统包括建筑物干线电缆、建筑物干线光缆及其在建筑物配线架和楼层配线架上的机械终端和建筑物配线架上的接插软线和跳接线。建筑物干线电缆、建筑物干线光缆应直接端接到有关的楼层配线架，中间不应有转接点或接头。

（3）水平子系统布线

从楼层配线架到各信息插座属于水平布线子系统。该子系统包括水平电缆、水平光缆及其在楼层配线架上的机械终端、接插软线和跳接线。水平电缆、水平光缆一般直接连接到信息插座。

（4）工作区布线

工作区布线是用接插软线把终端设备或通过适配器把终端设备连接到工作区的信

息插座上。工作区布线随着应用系统的终端设备不同而改变。工作区电缆、工作区光缆的长度及传输特性应有一定的要求。

6.4　建筑智能化工程计量与计价

6.4.1　建筑智能化工程量计算规范

本节内容对应《安装工程量计算规范 2013》附录 E 的设置，共有 7 个分部、96 个分项工程，包括计算机应用、网络系统工程，综合布线系统工程，建筑设备自动化系统工程，建筑信息综合管理系统工程，有线电视、卫星接收系统工程，音频、视频系统工程，安全防范系统工程，适用于工业与民用智能化工程（表 6-2）。

在智能化工程的清单编制中，一般按照智能化系统进行清单编制，因此不可避免地会出现同一分项工程在不同系统中都会出现的情况，因此在项目编码编制时要注意编码的连续性，避免同一设备在不同系统中出现的项目编码重复，应按照清单编制中出现的先后顺序进行排序。

例如，服务器在智能化系统、集成系统、信息网络系统、会议系统、建筑设备监控系统出现，则在智能化系统集成系统编码为 030501013001、信息网络系统编码为 030501013002、会议系统编码为 030501013003、建筑设备监控系统编码为 030501013004。

在智能化工程的项目特征描述时，应注意特征描述的准确性，特别是针对包含施工工艺、施工项及具体设备的配置参数，应描述清晰。

例如，速通门的特征描述：①名称：双门翼摆动式速通门（含围挡、地台、控制器、读卡器、人脸识别、摄像机等）；②速通门使用场所：要求纯室外使用，要求所提供速通门能满足纯室外安装，能够满足通行自行车要求及行人通行要求；③规格参数：每套含两组，第一组是人行通道 +VIP 通道，第二组是人行通道 + 自行车通道；通行宽度：标准 900mm，人行通道 650mm。

附录 E 主要内容　　　　　　　　　　　　　　　　表 6-2

编码	分部工程名称	编码	分部工程名称
030501	E.1 计算机应用、网络系统工程	030505	E.5 有线电视、卫星接收系统工程
030502	E.2 综合布线系统工程	030506	E.6 音频、视频系统工程
030503	E.3 建筑设备自动化系统工程	030507	E.7 安全防范系统工程
030504	E.4 建筑信息综合管理系统工程		

1. 计算机应用、网络系统工程（编码：030501）

计算机应用、网络系统工程工程量清单共包括输入设备，输出设备，控制设备，存储设备，插箱、机柜，互联电缆，接口卡，集线器，路由器，收发器，防火墙，交换机，网络服务器,计算机应用、网络系统接地,计算机应用、网络系统系统联调,计算机应用、网络系统试运行,软件17个清单项目。

（1）输入设备、输出设备、控制设备、存储设备,插箱和机柜、集线器、路由器、收发器、防火墙、交换机、网络服务器按名称、类别、规格、功能、安装方式等列项,按设计图示数量以"台（套）"计算;

（2）互联电缆按名称、类别、规格列项,按设计图示数量以"条"计算;

（3）计算机应用、网络系统接地,计算机应用、网络系统联调,计算机应用、网络系统试运行按名称、类别等列项,按设计图示数量以"系统"计算;

（4）软件按名称、类别、规格、容量列项,按设计图示数量以"套"计算。

2. 综合布线系统工程（编码：030502）

综合布线系统工程工程量清单包括机柜、机架,抗震底座,分线接线箱（盒）,电视、电话插座,双绞线缆,大对数电缆,光缆,光纤束、光缆外护套,跳线,配线架,跳线架,信息插座,光纤盒,光纤连接,光缆终端盒,布放尾纤,线管理器,跳块,双绞线缆测试,光纤测试20个清单项。

（1）机柜、机架,抗震底座,分线接线箱（盒）,电视、电话插座,按名称、材质、规格、功能、安装方式等,按设计图示数量以"台（套、个）"计算;

（2）双绞线缆,大对数电缆,光缆,光纤束、光缆外护套,按名称、规格等列项,按设计图示数量以"m"计算;

（3）跳线按名称、类别、规格列项,按设计图示数量以"条"计算;

（4）配线架,跳线架,信息插座,光纤盒按名称、规格、容量、安装方式等列项,按设计图示数量以"个（块）"计算;

（5）光纤连接按方法、模式列项,按设计图示数量以"芯（端口）"计算;

（6）光缆终端盒按光缆芯数列项,按设计图示数量以"个"计算;布放尾纤（根）,线管理器,跳块按名称、规格、安装方式列项,按设计图示数量以"个（根）"计算;双绞线测试,光纤测试按测试类别、测试内容列项,按设计图示数量以链路（点、芯）计算。

3. 建筑设备自动化系统工程（编码：030503）

建筑设备自动化系统工程工程量清单共包括中央管理系统,通信网络控制设备,控制器,控制箱,第三方通信设备接口,传感器,电动调节阀执行机构,电动、电磁阀门,建筑设备自控化系统调试,建筑设备自控化系统10个清单项,均按照设计图示数量计算。

（1）中央管理系统按名称、类别、功能和控制点数量列项,按设计图示数量以"系统（套）"计算;

（2）通信网络控制设备,控制器,控制箱、第三方通信设备接口按名称、类别等列项,按设计图示数量以"台（套）"计算;

（3）传感器,电动调节阀执行机构,电动、电磁阀门按名称、类别、功能、规格列项,按设计图示数量以"支（台、个）"计算；

（4）建筑设备自控化系统调试按名称、类别、功能等列项，按设计图示数量以"台（户）"计算；

（5）建筑设备自控化系统试运行按名称列项，按设计图示数量以"系统"计算。

4. 建筑信息综合管理系统工程（编码：030504）

建筑信息综合管理系统工程工程量清单共包括服务器，服务器显示设备，通信接口输入输出设备，系统软件，基础应用软件，应用软件接口，应用软件二次，各系统联动试运行8个清单项。

（1）服务器，服务器显示设备，通信接口输入输出设备按名称、类别、规格、安装方式列项，按设计图示数量以"台（个）"计算；

（2）系统软件，基础应用软件，应用软件接口按测试类别和测试内容列项，按系统所需集成点数及图示数量以"套"计算；

（3）应用软件二次按测试类别和测试内容列项，按系统所需集成点数及图示数量以"项（点）"计算；

（4）各系统联动试运行按测试类别和测试内容列项，按图示数量以"系统"计算。

5. 有线电视、卫星接收系统工程（编码：030505）

有线电视、卫星接收系统工程工程量清单共包括共用天线，卫星电视天线、馈线系统，前端机柜，电视墙，射频同轴电缆，同轴电缆接头，前端射频设备，卫星地面站接收设备，光端设备安装、调试，有线电视系统管理设备，播控设备安装、调试，干线设备，分配网络，终端调试14个清单项。

（1）共用天线，卫星电视天线、馈线系统按名称、规格等列项，按设计图示数量以"副"计算；

（2）前端机柜按名称、规格列项，按设计图示数量"个"计算；

（3）电视墙按名称、监视器数量列项，按设计图示数量"套"计算；

（4）射频同轴电缆按名称、规格和敷设方式列项，按设计图示尺寸以长度"m"计算；

（5）同轴电缆接头按照规格、方式列项，按设计图示数量"个"计算；

（6）前端射频设备、卫星地面站接收设备，光端设备安装、调试，有线电视系统管理设备，播控设备安装、调试，干线设备，分配网络，终端调试按名称、类别等，按设计图示数量"个（套、台）"计算。

6. 音频、视频系统工程（编码：030506）

音频、视频系统工程工程量清单共包括扩声系统设备，扩声系统调试，扩声系统试运行，背景音乐系统设备，背景音乐系统调试，背景音乐系统试运行，视频系统设备，视频系统调试8个清单项目。

（1）扩声系统设备，背景音乐系统设备，视频系统设备，按名称、类别、规格、安装方式等列项，按设计图示数量"台（套、个）"计算；

（2）扩声系统调试，扩声系统试运行，背景音乐系统调试，背景音乐系统试运行，视频系统调试，按名称、类别、规格、功能等列项，按设计图示数量"系统"计算。

7. 安全防范系统工程（编码：030507）

安全防范系统工程工程量清单共包括入侵探测设备，入侵报警控制器，入侵报警中心显示设备，入侵报警信号传输设备，出入口目标识别设备，出入口控制设备，出入口执行机构设备，监控摄像设备，视频控制设备，音频、视频及脉冲分配器，视频补偿器，视频传输设备，录像设备，显示设备，安全检查设备，停车场管理设备，安全防范分系统调试，安全防范全系统调试，安全防范系统工程试运行等 19 个清单项。

（1）入侵探测设备、入侵报警控制器、入侵报警中心显示设备、入侵报警信号传输设备按名称、类别、安装方式等列项，按设计图示数量以"套"计算；

（2）出入口目标识别设备、出入口控制设备、出入口执行机构设备、监控摄像设备按名称、规格、类别等列项，按设计图示数量以"台"计算；

（3）视频控制设备，音频、视频及脉冲分配器，视频补偿器，视频传输设备，录像设备按名称、类别、规格、安装方式等列项，按设计图示数量"台（套）"计算；

（4）显示设备、安全检查设备、停车场管理设备按名称、类别、规格列项，计算规则有两种：①以台计量，按设计图示数量计算；②以平方米计量，按设计图示面积计算；

（5）安全防范分系统调试，安全防范全系统调试，安全防范系统工程试运行，按名称、类别、系统内容等列项，按设计内容以"系统"计算。

6.4.2 建筑智能化工程定额应用

《2012 北京市安装工程预算定额》第五册《建筑智能化工程》设置 6 章 77 节 906 个子目。适用于智能大厦、智能小区新建和扩建项目中的智能化系统设备的安装调试工程。不包括施工、试验、空载、试车用水和用电，已含在《房屋建筑与装饰工程预算定额》相应项目中。带负荷试运转、系统联合试运转及试运转所需油（油脂）、气等费用，由发承包双方另行计算。

1. 计算机应用、网络系统工程

计算机应用、网络系统工程包括输入设备，输出设备，控制设备，存储设备，插箱、机柜，互联电缆，集线器，路由器，防火墙，交换机，网络服务器，计算机应用、网络系统联调，计算机应用、网络系统试运行，软件安装等 14 节共 105 个子目。

（1）工程量计算规则

计算机应用、网络系统工程工程量按设计图示数量计算。

（2）计价注意事项

1）设备所用的电源线、数据线等包括在设备中。

2）设备安装包括了设备单机的基本测试。

3）显示设备、存储设备安装适用于其他章节。

4）系统调试按实际调试信息点计算。

5）计算机应用、网络系统工程适应于建筑信息综合管理系统。

6）显示设备、存储设备适应于安防系统工程。

7）计算机应用、网络系统试运行是在系统连续不间断运行120h条件下编制的。

2. 线系统工程

线系统工程包括机柜、机架，抗震底座，电视、电话插座，双绞线缆，光缆，跳线，配线架安装打接，跳线架安装打接，信息插座，光纤连接，光纤盒、光缆终端盒，光纤跳线，线管理器，接头制作，双绞线缆测试，光纤测试等16节共80个子目。

（1）工程量计算规则

1）布线系统工程量除双绞线缆、光缆外，均按设计图示数量计算；双绞线缆、光缆按设计图示尺寸以单根长度计算（含预留长度）；

2）除有特殊要求和规范有明确规定外，双绞线缆、光缆预留长度参照如下：

①绞线缆预留长度：在工作区宜为0.2m，电信间宜为0.5~2m，设备间宜为3~5m。

②光缆布放路由宜盘留，预留长度宜为3~5m。

③特殊要求的按设计要求预留长度。

3）制作定额子目中线缆是以"根"为单位编制的，其长度应按实际测量值计算。

（2）计价注意事项

①涉及双绞线缆的敷设及配线架、跳线架的安装打接，是按超五类非屏蔽线布线编制的，高于超五类非屏蔽线、屏蔽线布线时，定额工日分别增加10%。

②多芯软线敷设，导线芯数大于4芯，每增加2芯定额工日乘以1.05。

③跳线制作定额子目已包含两端接头的制作内容。

④跳线卡接（对）子目适用于跳线架跳线安装卡接，跳线制作安装子目适用于配线架跳安装。

⑤光缆配线架安装执行光纤盒、光缆终端盒相关项目。

⑥电话电视插座、信息插座安装均包含了面板和模块的安装费用。

3. 建筑设备自动化系统工程

建筑设备自动化系统工程包括中央管理系统，通信网络控制设备，控制器，控制箱，第三方通信设备接口，传感器，电动调节阀执行机构，建筑设备自控化系统调试，建筑设备自控化系统试运行等9节共116个子目。

（1）工程量计算规则

1）建筑设备自动化系统工程量按设计图示数量计算；

2）第三方通信设备接口按设计图示数量以个计算。

（2）计价注意事项

1）控制器安装接线及用户软件功能检测以DDC可接入的数据点数为基础，超出部分按每增加 10 点为一个项目进行逐个增加。

2）控制器安装包括了单个控制器软件功能检测等工作内容。

3）第三方通信设备接口中没有出现的项目可执行其他接口子目。

4）建筑设备自控化系统调试和系统试运行是以整个系统为单位进行编制的。

5）建筑设备自动化系统试运行是在系统连续不间断运行 120h 条件下编制的。

4. 有线电视、卫星接收系统工程

有线电视、卫星接收系统工程包括共用天线，电视墙，前端射频设备，卫星电视接收设备，光端设备，有线电视系统管理设备，播控设备，干线设备，分配网络，终端调试等 10 节共 112 个子目，适用于有线广播电视、卫星电视、闭路电视系统设备的安装调试工程。

（1）工程量计算规则

有线电视、卫星接收系统工程量按设计图示数量计算。

（2）计价注意事项

1）有线电视系统所涉及的计算机网络系统执行计算机应用、网络系统工程。

2）视频线缆敷设、接头制作前端机柜、用户终端安装执行综合布线系统工程相应定额子目。

3）卫星天线安装可执行《通信设备及线路工程》相应定额子目。

4）电视墙安装包括了连接显示设备插座及接头及电视墙配线，该部分内容不另行计取。

5）设备单体调试已包含在设备安装及调试相应子目里。

6）系统调试费根据用户终端的数量，以"点"为单位计算。每一个电视用户插座为一点。

5. 音频、视频系统工程

音频、视频系统工程包括扩声系统设备安装、调试、试运行，背景音乐、公共广播系统设备安装、调试、试运行，视频系统设备安装、调试、试运行，调光系统设备安装、调试、试运行等 9 节共 287 子目。适用范围包括各种公共建筑设施中的报告厅、法庭、会议室、教室、多功能厅、音乐厅、剧场、体育场馆的扩声系统、多媒体系统、灯光控制系统、集中控制系统工程以及民航机场、火车站、宾馆、会展中心、城市广场、居民小区、公园中的服务性广播（背景音乐、寻呼广播）、业务性广播（生产调度指挥）系统等工程。

（1）工程量计算规则

1）音频、视频系统工程按设计图示数量计算。

2）扩声系统调试的设备使用功能数、视频系统设备调试的设备信号通道数按设计要求计算工程量。

（2）计价注意事项

1）音频跳线制作安装、插头插座制作相应子目中，音频跳线制作以"根"为单位，制作跳线用线缆和接头为主材，按实际发生费用执行。

2）专用线缆安装中专用线缆是指成品线缆，定额中按未计价主材考虑，计价时以"根"计算。

3）扩声系统、背景音乐、公共广播系统、调光系统，系统试运行是按运行120h编制的，人工工日已考虑在内。

6. 安全防范系统工程

安全防范系统工程定额包括入侵探测设备，入侵报警控制器，入侵报警中心显示设备，入侵报警信号传输设备，出入口目标识别设备，出入口控制设备，出入口执行机构设备，巡更设备，监控摄像设备，视频控制设备，音频、视频及脉冲分配器，视频补偿器，视频传输设备，录像设备，显示设备，安全检查设备，停车场管理设备，安全防范分系统调试，安全防范系统工程试运行等19节共206个子目。

工程量计算规则：

1）安全防范系统设备工程量按设计图示数量计算。显示设备中的LED显示屏按设计图示面积以 m^2 计算。

2）安全防范分系统、全系统调试及系统工程试运行工程量按设计内容计算。

①微机矩阵切换设备按视频输入通道数进行计算，输出通道数不另行计取，设备间跳线执行综合布线系统工程相应定额子目。

②视频信号用接头制作执行接头制作相应子目。

③成品跳线只计取安装费用，不能计取制作费用。

④微机矩阵切换设备定额子目按一个机箱的容量设置的，增加机箱按照实际增加通道数执行相应的子目。

⑤安全防范全系统调试人工费和仪器仪表费分别按相关分系统调试中的人工费和仪器仪表费的35%计算。

6.4.3　建筑智能化工程计量示例

【例题】某政府机关办公楼，共10层，楼长70m，1~4层宽45m，5~10层宽30m，楼层高3m。已经设计和安装了综合布线系统所需要的线槽线管，综合布线系统传输的信号种类为数据和语音。每个信息点的功能要求在必要时能够进行语音、数据通信的互换使用。1~4层信息点平面图如图6-2所示，5~10层信息点平面图如图6-3所示，系统拓扑图如图6-4所示。

试根据《建设工程工程量清单计价规范》GB 50500—2013和《通用安装工程工程量计算规范》GB 50856—2013规定，编制该工程的分部分项工程量清单。

【答案】

工程数量（按照《通用安装工程工程量计算规范》GB 50856—2013，按图6-2~

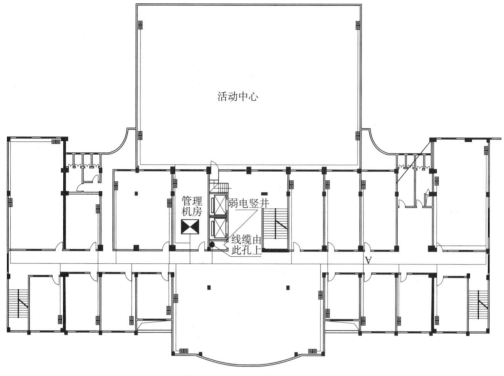

图 6-2 1~4 层信息点平面图

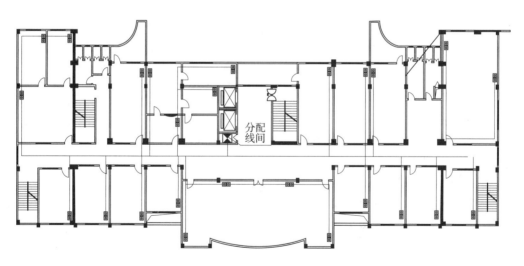

图 6-3 5~10 层信息点平面图

图 6-4 计算)：

垂直主干线缆的计算方法：

垂直线缆长度（单位：m）=[距 MDF 层数 × 层高 + 电缆井至 MDF 距离 + 端接容限（光纤 10m，双绞线 6m）]× 每层需要根数。结果见表 6-3、表 6-4。

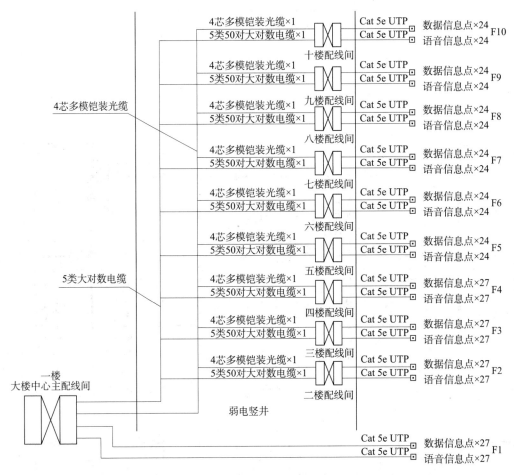

图 6-4　系统拓扑图

工程量表　　　　　　　　　　　　　　　　　　表 6-3

序号	名称	单位	数量	备注
1	超 5 类模块端接	个	504.00	
2	布放 4 芯室内光缆	m	360.00	
3	布放 5 类 50 对室内大对数电缆	m	288.00	
4	布放室内超 5 类非屏蔽双绞线	100m	183.00	
5	光纤熔接	点	72.00	
6	安装 100 对 110 型配线架（水平用）	个	12.00	
7	安装 100 对 110 型配线架（主干用）	个	9.00	
8	安装 24 口光缆配线架	个	11.00	
9	安装 24 口模式式配线架	个	14.00	
10	安装 12U 壁挂式机柜（带 4 座排插）	个	9.00	
11	安装 42U 壁挂式机柜（带 5 座排插）	个	2.00	

分部分项工程量清单　　　　　　　　　　　　表 6-4

工程名称：某网络综合布线工程

序号	项目编码	项目名称	项目特征描述	计量单位	工程数量
1	030502017001	模块端接	超 5 类模块端接	个	504
2	030502007001	光缆	4 芯室内光缆布设	m	360.00
3	030502006001	大对数电缆	5 类 50 对室内大对数电缆布设	m	288 00
4	030502005001	双绞线缆	超 5 类非屏蔽双绞线缆布设	m	18300.00
5	030502010001	配线架	110 型配线架安装	个	21
6	030502010002	配线架	光缆式 24 口配线架安装	个	11
7	030502010003	配线架	模块式 24 口配线架安装	个	14
8	030502001001	机柜	12U 壁挂式机柜安装	个	9
9	030502001002	机柜	12U 壁挂式机柜安装	个	2

本章小结

（1）本章介绍了建筑智能化工程的概念及系统构成，建筑智能化工程中建筑自动化系统，及其所含供配电、给排水、暖通空调、照明、电梯、消防、安全防范、车库管理等监控子系统的组成及功能特点。

（2）《安装工程量计算规范 2013》附录 E 建筑智能化工程包括计算机应用、网络系统工程，综合布线系统工程，建筑设备自动化系统工程，建筑信息综合管理系统工程，有线电视，卫星接收系统工程，音频、视频系统工程，安全防范系统工程 7 个分部、96 个分项工程。

思考题

1. 简述建筑智能化的概念及组成。
2. 试述火灾报警系统的工作原理。
3. 试述线系统工程量计算规则及计价注意事项。

7

刷油、防腐蚀、绝热工程

学习要点:

(1) 了解刷油防腐工程的基本工艺和绝热工程的目的、设备及管道绝热结构组成等, 并进一步掌握包括刷油工程、防腐蚀涂料工程、手工糊衬玻璃钢工程、橡胶板及塑料板衬里工程、衬铅及搪铅工程、喷镀(涂)工程、耐砖、板衬里工程、绝热工程、管道补口补伤工程、阴极保护及牺牲阳极等分部工程计量与计价。

(2) 认识防腐及绝热材料的种类, 了解防腐绝热工程中的除锈工程相关工艺与除锈质量分类标准, 补充刷油工程的基础步骤。

(3) 掌握刷油、防腐蚀、绝热工程的工程量计算规范应用。

7.1　刷油、防腐蚀、绝热工程概述

1. 刷油防腐工程

油漆是金属防腐中应用最为广泛的涂料，多涂于物体表面，经自然风干或烘干后结成坚韧的保护膜，防止水汽侵袭金属造成腐蚀。油漆种类众多，施工方法各异，涂料涂层施工方法可分为刷涂法、滚涂法、空气喷涂法、高压无气喷涂法和电泳涂装法等，设备及管道表面金属涂层主要采用热喷涂法施工。无论涂层类别其工艺一般是先刷底漆，再刷面漆。刷漆的种类、遍数、配比及施工方法均应严格按照设计规范执行。根据刷油的工艺顺序不同，可以分为不绝热刷油和绝热层上刷油。刷油工程包括管道刷油、设备刷油、金属结构刷油及布面刷油、灰面刷油等，其主要目的是降低腐蚀造成的金属结构、金属设备损伤，延长设备构件的物理寿命，降低设备更新、设备维护成本。

2. 绝热工程

绝热工程是为了维持或保证正常生产的温度范围，减少热载体（如过热蒸汽、饱和水蒸气、热水和烟气等）和冷载体（如液氮、液氮、冷冻盐水和低温水等）在输送、贮存和使用过程中热量和冷量的散失，降低能源消耗和产品成本，对设备和管道采取的保温或保冷措施。

（1）绝热工程目的

绝热工程可以减少介质在输送过程中的热损失，节约热量；防止蒸发损失；防止设备及管道内液体冻结或设备和管道外表面结露；提高耐火绝缘等级防止火灾发生；改善劳动条件，保证操作人员安全。

（2）设备及管道绝热结构组成

设备及管道绝热结构可分为保冷结构及保温结构，两种结构的组成及各层功能各有差异。

1）保冷结构由内到外分别是防腐层、保冷层、防潮层、保护层。防腐层是将防腐材料涂敷在保冷设备及腐蚀性介质所制的保冷管道的外表面，防止其因受潮而腐蚀。保冷层是保冷结构的核心层，将绝热材料敷设在保冷设备及管道外表面，阻止外部环境的热流进入，减少冷量损失，维持保冷功能。防潮层是保冷层的维护层，将防潮材料敷设在保冷层外，阻止外部环境的水蒸气渗入，防止保冷层材料受潮后降低保冷功效乃至破坏保冷功能。保护层是保冷结构的维护层，将保护层材料敷设在保冷层或防潮层外部，保护保冷结构内部免遭水分侵入或外力破坏，使保冷结构外形整洁、美观，延长保冷结构使用年限。

2）与保冷结构不同，保温结构一般只设防腐层、保温层及保护层三层。在潮湿环境下才需增设防潮层，各层的功能与保冷结构各层的功能相同。

7.2 防腐蚀、绝热工程主要设备介绍与施工

7.2.1 防腐蚀及绝热工程主要材料介绍

1. 防腐材料

油漆的品种繁多，性能各不相同。油漆按习惯上可以分为天然漆、人造漆、特种涂料三大类。天然漆又称为生漆、大漆，是从树木中提炼而成；人造漆是从化工原料中提取出来的，目前我们使用的绝大多数油漆涂料均是此类产品；至于特种涂料，则是具有特殊性能的油漆涂料。

用于金属面的油漆涂料，根据不同要求分底漆和面漆两类。

底漆：底层漆打底，应采用附着力强并且有良好防腐性能的油漆。如红丹油性防锈漆、锌酯胶防锈漆、沥青漆、带锈底漆等。

面漆：两层涂罩面用来保护底层漆不受损伤，并使金属材料表面颜色符合设计和规范规定。如银粉漆，厚漆（铅油），调和漆，磁漆，耐酸漆，烟囱漆等。

按施工顺序主要先刷底层漆后刷面层漆。一般情况下，选择油漆材料应考虑被涂物体周围腐蚀介质的种类、温度和浓度，被涂物表面的材料性质，经济效果等。

为了防止金属管道及设备锈蚀，延长使用年限，多通过一定的涂覆方法，将涂料涂在管道及设备表面，经过固化而形成薄涂层，牢固的粘附在金属的表面上，从而保护金属面免受空气中的水分、氧气、腐蚀性气体以及酸、碱、盐等的腐蚀。这便是防腐蚀涂料工程。管道、设备和金属结构的防腐，对于保证管道及设备延长使用年限，减少热损失，防止冻结，起着重要的作用，因此防腐保温工作绝不可忽视。

我国按涂料组成中成膜物质的种类不同，将涂料及其辅料分为18类，如油脂漆、天然树脂漆、酚醛树脂漆、沥青漆、醇酸树脂漆、氨基树脂漆、硝酸纤维素漆、纤维素酯漆、过氯乙烯漆、乙烯基树脂漆、丙烯酸酯漆、聚酯漆、环氧树脂漆、聚氨酯漆等（表7-1）。

各种涂层应采用的涂料种类　　　　　　　　　　　　　　　　　　　　表7-1

涂层	应采用的涂料种类	涂层	应采用的涂料种类
耐酸涂层	聚氨酯漆、氯丁橡胶漆、氯化橡胶漆、环氧树脂漆、沥青漆、过氯乙烯漆、乙烯漆、酚醛树脂漆、仿瓷涂料、TO树脂漆、氯磺化聚乙烯涂料等	耐碱涂层	聚氨酯漆、氯丁橡胶漆、氯化橡胶漆、环氧树脂漆、沥青漆、过氯乙烯漆、乙烯漆、仿瓷涂料、TO树脂漆、氯磺化聚乙烯涂料等
耐磨涂层	聚氨酯漆、氯丁橡胶漆、环氧树脂漆、乙烯漆、TO树脂漆、酚醛树脂漆等	保色涂层	醇酸树脂漆、硝基漆、乙烯漆、氨基漆、有机硅漆、丙烯酸漆等
耐油涂层	醇酸漆、氨基漆、硝基漆、缩丁醛漆、过氯乙烯漆、环氧树脂漆、醇溶酚醛漆、H87涂料、氯磺化聚乙烯涂料等	保光涂层	醇酸漆、硝基漆、乙烯漆、有机硅漆、丙烯酸漆、乙酸丁酸纤维等
耐热涂层	醇酸漆、沥青漆、氨基漆、有机硅漆、H87涂料、TO树脂漆、丙烯酸漆等	耐溶剂涂层	聚氨酯漆、环氧树脂漆、仿瓷涂料、乙烯漆等

续表

涂层	应采用的涂料种类	涂层	应采用的涂料种类
耐水涂层	聚氨酯漆、氯丁橡胶漆、氯化橡胶漆、环氧树脂漆、沥青漆、过氯乙烯漆、乙烯漆、氨基漆、酚醛漆、H87涂料、有机硅漆、氰凝涂料等	耐大气涂层	天然树脂漆、油性漆、醇酸漆、氨基漆、硝基漆、乙烯漆、过氯乙烯漆、丙烯酸漆、有机硅漆、氯丁橡胶漆、酚醛树脂漆、KJ-130涂料、H87涂料、TO树脂漆、氯磺化聚乙烯涂料等
防潮涂层	聚氨酯漆、氯丁橡胶漆、氯化橡胶漆、环氧树脂漆、沥青漆、过氯乙烯漆、乙烯漆、酚醛树脂漆、有机硅漆等	绝缘涂层	油性绝缘漆、酚醛绝缘漆、醇酸绝缘漆、环氧绝缘漆、氨基漆、聚氨酯漆、有机硅漆、沥青绝缘漆等
防霉涂层	NSJ涂料		

2. 绝热材料

（1）绝热材料性能要求

1）导热系数小，作为保温材料，在平均温度 ≤ 350℃时，导热系数不得大于0.1W/（m·K）；热力设备及管道用的保温材料多为无机绝热材料。这类材料具有不腐烂、不燃烧、耐高温等特点。例如：石棉、硅藻土、珍珠岩、矿棉、玻璃纤维、泡沫玻璃、泡沫混凝土、硅酸钙等。

作为冷材料，在平均温度 <27℃时，导热系数不得大于0.064W/（m·K）；普冷下的保冷材料多用有机绝热材料，这类材料具有极小的导热系数、耐低温、易燃等特点。例如：聚苯乙烯泡沫塑料、聚乙烯泡沫塑料、橡塑海绵、超细玻璃棉、软聚氨酯泡沫塑料、软木等。

2）材料密度小。

3）材料的稳定性要好，有较大的温度适应范围。

4）可以耐一定的振动，并具有一定的机械强度，抗压强度不小于0.15MPa。

5）化学稳定性好，无腐蚀作用。

6）防水性能强，吸湿性要小。

7）可燃成分少，应具有自熄性或不燃性。

（2）常用的绝热材料（图7-1）

表7-2是几种常用的管道和设备隔热材料的物理特性。

几种常用的管道和设备隔热材料的物理特性　　　　　　表7-2

材料名称	密度（kg/m³）	热导率[W/（m·K）]	使用温度℃	特点
普通玻璃棉	100~170	0.040~0.058	-35~300	耐酸、抗腐、不烂、不蛀、吸水率小、化学稳定性好、无毒无味、价廉、寿命长、热导率小、施工方便，但刺激皮肤
超细玻璃棉	18~80	0.035~0.041	-100~600	密度小、热导率小，特点同普通玻璃棉

续表

材料名称	密度 (kg/m³)	热导率 [W/(m·K)]	使用温度 ℃	特点
软质聚氨酯泡沫塑料	30~42	0.023	−50~100	密度小、热导率小，可现场发泡浇筑成形，强度高、成本高
硬质聚氨酯泡沫塑料	60~80	0.035	−50~110	热导率极小、几乎不吸水，绝缘性好、质轻、耐腐蚀、耐热、粘结性能好，但成本高
轻质聚乙烯泡沫塑料	27	0.052	−60~60	热导率极小、几乎不吸水，但使用温度范围小，可燃、防火性差。有自熄型和非自熄型两种，使用时应注意
橡胶泡沫塑料	40~80	< 0.0325	−60~89	防火防震隔热隔声防水防腐易切割，易粘结
泡沫玻璃	160~220	0.058	−196~450	防火、防水、无毒、耐腐蚀、防蛀，不老化，无放射性、绝缘，防磁波、防静电，机械强度高，与各类泥浆粘结性好
酚醛泡沫	40~80	0.02	−200~200	轻质、防火、遇明火不燃烧、无烟、无毒、无滴落
复合硅酸盐	50~150	0.035	−179~1000	无毒无害、吸声、耐高温、耐水、耐冻性能、收缩率低、整体无缝、无冷桥、热桥形成、抗裂、抗震、抗负风压、容重轻、耐酸、碱、油等
硅酸铝纤维	50~150	0.035	−179~1000	低导热率、低热容量，耐压强度高，韧性好，热稳定性和抗热震性好

橡塑保温板

玻纤保温管壳

酚醛泡沫保温材料

橡塑保温管

铝箔玻纤保温毡

挤塑复合板

岩棉保温毡

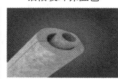
岩棉保温管壳

聚氨酯保温材料

聚乙烯保温材料

复合硅酸盐保温管

复合硅酸铝纤维毡

图 7-1 几种常见保温材料

7.2.2 防腐蚀及绝热工程施工

1. 除锈工程

（1）常用的金属表面处理方法

1）手工处理：最简易的除锈处理方法，就是人工用钢丝刷、砂纸、砂轮片、铲刀等工具将管道外表面上打磨、铲、敲等方法，将铁锈除去，使金属材料表面无锈斑，再用干净废棉纱或废布擦干净，露出金属光泽为合格。这种方法通常用于金属表面有轻微锈蚀的情况或无法采用机械除锈的部位。

2）半机械（电动工具）处理

是最简易的机械处理方法，就是用手持砂轮机、电动钢丝刷等手持电动工具将管道外表面上的锈蚀、氧化皮除去，这种方法通常用在小面积、不易采用机械除锈的部位。

3）机械（含喷砂）处理

利用各种除锈机械，对金属表面进行击打、摩擦，使金属材料表面锈斑、氧化皮及其他杂物脱落，露出金属本色。最常用的是喷砂除锈，即采用压力喷射的原理，将研磨材料喷到金属表面。研磨材料有石英砂钢珠、钢砂等。喷砂法分干式喷砂法和湿式喷砂法两种。喷射时是用压力约 0.4MPa 以上的空气，将砂喷射到金属表面。这种方法的优点是工时消耗量少，适合工厂化作业，但对操作者的身体有害，可用真空吸尘的方式对喷射物粉尘吸收，一则减轻危害，二则同时可以回收研磨材料。最好的方法则是在全封闭车间进行操作，而抛丸机作为无尘、无污染的除锈施工机械，相当于是在全封闭车间中进行喷砂除锈。机械除锈适用于大面积、除锈质量要求较高的工程。

4）化学处理

化学处理是用酸或碱将金属表面附着物溶解掉的方法。这种方法没有噪声和粉尘，分酸洗法和脱脂法两类。

①酸洗法：用酸液溶解管外壁的氧化皮、铁锈的方法。酸洗时可用硫酸、盐酸、硝酸等。硫酸酸洗液的浓度一般为 10% ~ 20%。

②脱脂法：将金属管壁上的油脂除去称为脱脂法，有溶剂法、碱液法、乳剂法、电解法等。表面处理的质量标准应达到清除氧化皮、锈蚀层、油脂和污垢，并在表面形成适宜的粗糙度（40 ~ 50μm），表面处理达到工业级（Sa2 级），以露出金属光泽为宜。

化学除锈适用于小面积、结构复杂的设备或无法采用机械除锈的工程。

其他还有火焰除锈等。

（2）除锈标准

根据《工业设备及管道防腐蚀工程施工规范》GB 50726—2011 等规范规定，除锈标准见表 7-3。

除锈标准　表 7-3

级别		标准	采用方法
一	Sa3	除净金属表面上的油脂、氧化皮、锈蚀产物等一切杂物，呈现均一的金属本色，并有一定的粗糙度	喷射或抛射除锈
二	Sa2.5	完全除去金属表面上的油脂、氧化皮、锈蚀产物等一切杂物，残存锈斑痕、氧化皮等引起轻微变色的面积，在任何 100mm×100mm 的面积不得超过 5%	
三	Sa2	完全除去金属表面上的油脂、疏松氧化皮、浮锈等一切杂物，紧附的氧化皮、点蚀锈坑或旧漆等斑点残留物的面积，在任何 100mm×100mm 的面积不得超过 1/3	
四	Sa1	除去金属表面上的油脂、铁锈、氧化皮等杂物，允许有紧附的氧化皮、锈蚀物或旧漆存在	
	St3	钢材表面应无可见的油脂和污垢，并且没有附着不牢的氧化皮、铁锈和油漆涂层等附着物。除锈应比 St2 更为彻底，底材显露部分的表面应具有金属光泽	手工活动力工具除锈
	St2	钢材表面应无可见的油脂和污垢，并且没有附着不牢的氧化皮、铁锈和油漆涂层等附着物	
	F1	钢材表面应无氧化皮、铁锈和油漆涂层等附着物，任何残留的痕迹应仅为表面变色（不同颜色的暗影）	火焰除锈
	Pi	经酸洗中和钝化和干燥后的金属表面，应完全除去油脂、氧化皮、锈蚀产物等一切杂物。附着于金属表面的电介质应用水洗净，使金属表面应呈现均一的色泽，并不得出现黄色斑锈	化学除锈

注：Pi 级仅适用于搪铅、硅质胶泥砖板衬里或喷射处理无法进行的场合。

2. 刷油工程

（1）清理基底：为了使油漆能和金属材料表面很好结合，在管道、设备及钢结构涂刷底漆之前，必须对钢管、设备等金属表面上的灰尘、污垢、油渍、锈斑、焊渣等物清除干净，并保持干燥。否则油漆涂刷后，漆膜下被封闭的空气将继续氧化金属，即继续生锈，使漆膜破坏，加剧锈蚀。在涂刷时应使油漆厚度均匀，不得有脱皮流淌和漏涂等现象。

（2）油漆的配制：为了保证涂料涂层经耐久用，各种油漆的配制亦是重要环节。因施工现场来料均为半成品，要严格按配比的要求配制，否则会影响防腐的效果。

（3）油漆涂刷：涂刷底层漆或面层漆应根据需要决定每层涂膜厚度。一般可涂刷一遍或多遍，多遍涂刷时必须在前一遍油漆干燥后进行。油漆涂刷的厚度应均匀，不得有脱皮、起泡、流淌和漏涂现象。涂刷的办法主要有手工涂刷或空气喷涂。

（4）手工涂刷：是用油漆刷自上而下、从左至右、先里后外、先斜后直、先难后易，纵横交错地进行。使漆层厚薄均匀一致，无漏刷。该方法操作简单,适应性强,但效率低,涂刷质量受操作者技术水平的影响。

（5）空气喷涂：是用喷枪的压缩空气通过喷嘴时产生高速气流，将漆罐内漆液引射混合成雾状，喷涂于物体表面。喷枪所用空气压力一般为 0.2~0.4MPa，喷嘴距被涂物件的距离，控制在 300~400mm 范围为宜，喷嘴移动速度一般为 10~15m/min。这种方法的效率高，漆膜厚度均匀，表面平整。适合用大面积物体表面的油漆涂刷。

（6）刷油漆的方法还有滚涂、浸涂、高压喷涂等。不管采用什么方法均要求被涂物表面清洁干燥，并避免在低温和潮湿环境下工作，才能保证涂刷质量。

7.3 刷油、防腐蚀、绝热工程计量与计价

7.3.1 刷油、防腐蚀、绝热工程量计算规范

本节内容对应《安装工程量计算规范 2013》附录 M 刷油、防腐蚀、绝热工程，包括刷油工程，防腐蚀涂料工程，手工糊衬玻璃钢工程，橡胶板及塑料板衬里工程，衬铅及搪铅工程，喷镀（涂）工程，耐酸砖、板衬里工程，绝热工程，管道补口补伤工程，阴极保护及牺牲阳极共 11 个分项工程（表 7-4）。

附录 M 主要内容　　　　　　　　　　　　　　表 7-4

编码	分部工程名称	编码	分部工程名称
031201	M.1 刷油工程	031206	M.6 喷镀（涂）工程
031202	M.2 防腐蚀涂料工程	031207	M.7 耐酸砖、板衬里工程
031203	M.3 手工糊衬玻璃钢工程	031208	M.8 绝热工程
031204	M.4 橡胶板及塑料板衬里工程	031209	M.9 管道补口补伤工程
031205	M.5 衬铅及搪铅工程	031210	M.10 阴极保护及牺牲阳极

1. 刷油工程（编码：031201）

刷油工程工程量清单包括管道刷油，设备与矩形管道刷油，金属结构刷油，铸铁管和暖气片刷油，灰面刷油，布面刷油，气柜刷油，玛琋脂面刷油和喷漆 9 个清单项。

（1）管道刷油，设备与矩形管道刷油，铸铁管、暖气片刷油按照除锈级别、油漆品种、涂刷遍数、漆膜厚度等列项，计算规则有两种：①以平方米计量，按设计图示表面积尺寸以面积计算；②以米计量，按设计图示尺寸以长度计算；

（2）金属结构刷油按照除锈级别、油漆品种、结构类型等列项，计算规则有两种：①以平方米计量，按设计图示表面积尺寸以面积计算；②以千克计量，按金属结构的理论质量计算；

（3）灰面刷油、布面刷油、气柜刷油、玛琋脂面刷油、喷漆按照油漆品种、涂刷遍数、漆膜厚度等列项，按设计图示表面积以 m² 计算；

（4）刷油工程工程量清单应注意：

1）管道刷油以米计算，按图示中心线以延长米计算，不扣除附属构筑物、管件及阀门等所占长度。

2）结构类型：指涂刷金属结构的类型，如一般钢结构、管廊钢结构、H 型钢钢结

构等类型。

3）设备筒体、管道表面积：$S=\pi \cdot D \cdot L$，π——圆周率，D——直径，L——设备筒体高或管道延长米。

4）设备筒体、管道表面积包括管件、阀门、法兰、人孔、管口凹凸部分。

5）带封头的设备面积：$S=L \cdot \pi \cdot D+(D/2) \cdot \pi \cdot K \cdot N$，$K$——1.05，$N$——封头个数。

2. 防腐蚀涂料工程（编码：031202）

防腐蚀涂料工程工程量清单共包括设备防腐蚀，管道防腐蚀，一般钢结构防腐蚀，管廊钢结构防腐蚀，防火涂料，H型钢制钢结构防腐蚀，金属油罐内壁防静电，埋地管道防腐蚀，环氧煤沥青防腐蚀，涂料聚合一次10个清单项。

（1）设备防腐蚀、防火涂料按照除锈级别、涂刷（喷）品种、涂刷（喷）遍数、漆膜厚度等列项，按设计图示表面积以 m^2 计算；

（2）管道防腐蚀按照除锈级别、涂刷（喷）品种、涂刷（喷）遍数、漆膜厚度等列项，计算规则有两种：①以平方米计量，按设计图示表面积尺寸以面积计算；②以米计量，按设计图示尺寸以长度计算；

（3）一般钢结构防腐蚀、管廊钢结构防腐蚀按照除锈级别、涂刷（喷）品种、涂刷（喷）遍数、漆膜厚度等列项，按一般钢结构、管廊钢结构的理论质量以 kg 计算；

（4）H型钢制钢结构防腐蚀、金属油罐内壁防静电按照除锈级别、涂刷（喷）品种、分层内容等列项，按设计图示表面积以 m^2 计算；

（5）埋地管道防腐蚀、环氧煤沥青防腐蚀按照除锈级别、刷缠遍数、分层内容等列项，计算规则有两种：①以平方米计量，按设计图示表面积尺寸以面积计算；②以米计量，按设计图示尺寸以长度计算；

（6）涂料聚合一次按照聚合类型、聚合部位等列项，按设计图示表面积以 m^2 计算；

（7）防腐蚀涂料工程工程量清单应注意：

1）分层内容：指应注明每一层的内容，如底漆、中间漆、面漆及玻璃丝布等内容。

2）如设计要求热固化需注明。

3）设备筒体、管道表面积：$S=\pi \cdot D \cdot L$，π——圆周率，D——直径，L——设备筒体高或管道延长米。

4）阀门表面积：$S=\pi \cdot D \cdot 2.5D \cdot K \cdot N$，$K$——1.05，$N$——阀门个数。

5）弯头表面积：$S=\pi \cdot D \cdot 1.5D \cdot 2\pi \cdot N/B$，$N$——弯头个数，$B$ 值取定：90°弯头 $B=4$，45°弯头 $B=8$。

6）法兰表面积：$S=\pi \cdot D \cdot 1.5D \cdot K \cdot N$，$K$——1.05，$N$——法兰个数。

7）设备、管道法兰翻边面积：$S=\pi \cdot (D+A) \cdot A$，$A$——法兰翻边宽。

8）带封头的设备面积：$S=L \cdot \pi \cdot D+(D^2/2) \cdot \pi \cdot K \cdot N$，$K$——1.5，$N$——封头个数。

9）计算设备、管道内壁防腐蚀工程量，当壁厚大于10mm时，按其内径计算；当壁厚小于10mm时，按其外径计算。

3. 手工糊衬玻璃钢工程（编码：031203）

手工糊衬玻璃钢工程工程量清单共包括碳钢设备糊衬，塑料管道增强糊衬，各种玻璃钢聚合 3 个清单项。按照除锈剂别、糊衬玻璃钢品种、分层内容、聚合次数等列项，按设计图示表面积以 m² 计算。如设计对胶液配合比、材料品种有特殊要求需说明。

4. 橡胶板及塑料板衬里工程（编码：031204）

橡胶板及塑料板衬里工程工程量清单共包括塔、槽类设备衬里，锥形设备衬里，多孔板衬里，管道衬里，阀门衬里，管件衬里，金属表面衬里 7 个清单项。按照除锈级别、衬里品种、衬里层数等列项，按设计图示表面积以 m² 计算。

应注意：①热硫化橡胶板如设计要求采取特殊硫化处理需注明。②塑料板搭接如设计要求采取焊接需注明。③带有超过总面积 15% 衬里零件的贮槽、塔类设备需说明。

5. 衬铅及搪铅工程（编码：031205）

衬铅及搪铅工程工程量清单共包括设备衬铅，型钢及支架包铅，设备封头、底搪铅，搅拌叶轮、轴类搪铅 4 个清单项目。按照除锈级别、衬里品种、铅板厚度、搪层厚度等列项，按设计图示表面积以 m² 计算。如设计要求安装后再衬铅需注明。

6. 喷镀（涂）工程（编码：031206）

喷镀（涂）工程工程量清单共包括设备喷镀（涂），管道喷镀（涂），型钢喷镀（涂），一般钢结构喷（涂）塑 4 个清单项目。

（1）设备喷镀（涂）按照除锈级别、喷镀（涂）品种、喷镀（涂）厚度、喷镀（涂）层数列项，计算规则有两种：①以平方米计量，按设计图示表面积计算；②以千克计量，按设备零部件质量计算；

（2）管道喷镀（涂）、型钢喷镀（涂）按照除锈级别、喷镀（涂）品种、喷镀（涂）厚度、喷镀（涂）层数列项，按图示表面积以 m² 计算；

（3）一般钢结构喷（涂）塑按照除锈级别、喷（涂）塑品种列项，按图示金属结构质量以 kg 计算。

7. 耐酸砖、板衬里工程（编码：031207）

耐酸砖、板衬里工程工程量清单共包括圆形设备耐酸砖、板衬里，矩形设备耐酸砖、板衬里工程，锥（塔）形设备耐酸砖、板衬里工程，供水管内衬，衬石墨管接，铺衬石棉板，耐酸砖板衬砌体热处理 7 个清单项目。

（1）圆形设备耐酸砖、板衬里，矩形设备耐酸砖、板衬里工程，锥（塔）形设备耐酸砖、板衬里工程，按照除锈级别、衬里品种、砖厚度、规格等列项，按图示表面积计算；

（2）供水管内衬按照衬里品种、材料材质、管道规格型号等列项，按图示表面积计算；

（3）衬石墨管接按照规格列项，按图示数量以个计算；

（4）铺衬石棉板、耐酸砖板衬砌体热处理按照部位列项，按图示表面积计算；

（5）耐酸砖、板衬里工程工程量清单应注意：

1）圆形设备形式指立式或卧式。

2）硅质耐酸胶泥衬砌块材如设计要求勾缝需注明。

3）衬砌砖、板如设计要求采用特殊养护需注明。

4）胶板、金属面如设计要求脱脂需注明。

5）设备拱砌筑需注明。

8. 绝热工程（编码：031208）

绝热工程工程量清单共包括设备绝热，管道绝热，通风管道绝热，阀门绝热，法兰绝热，喷涂、涂抹，防潮层、保护层，保温盒、保温托盘8个清单项目。

（1）设备绝热、管道绝热按照绝热材料品种、绝热厚度、软木品种等列项，按图示表面积加绝热层厚度及调整系数以 m^3 计算；

（2）通风管道绝热按照绝热材料品种、绝热厚度、软木品种列项，计算规则有两种：①以立方米计量，按图示表面积加绝热层厚度及调整系数计算；②以平方米计量，按图示表面积及调整系数计算；

（3）阀门绝热、法兰绝热按照绝热材料品种、绝热厚度等列项，按图示表面积加绝热层厚度及调整系数以 m^3 计算；

（4）喷涂、涂抹按照材料、厚度、对象列项，按图示表面积以 m^2 计量；

（5）防潮层、保护层按照材料、厚度、层数、对象等列项，计算规则有两种：①以平方米计量，按图示表面积加绝热层厚度及调整系数计算；②以千克计量，按图示金属结构质量计算；

（6）保温盒、保温托盘按照名称列项，计算规则有两种：①以平方米计量，按图示表面积计算；②以千克计量，按图示金属结构质量计算；

（7）绝热工程工程量清单注意事项：

1）如设计要求保温、保冷分层施工需注明。

2）设备筒体、管道绝热工程量：$V=\pi \cdot (D+1.033\delta) \cdot 1.033\delta \cdot L$，$\pi$——圆周率；$D$——直径，1.033——调整系数，$\delta$——绝热层厚度，$L$——设备筒体高或管道延长米。

3）设备筒体、管道防潮和保护层工程量 $S=\pi \cdot (D+2.1\delta+0.0082) \cdot L$，2.1——调整系数，0.0082——捆扎线直径或钢带厚。

4）单管伴热管、双管伴热管（管径相同，夹角小于 $90°$ 时）工程量：$D'=D_1+D_2+(10\sim20mm)$，D'——伴热管道综合值，D_1——主管道直径，D_2——伴热管道直径，$(10\sim20mm)$——主管道与伴热管道之间的间隙。

5）双管伴热（管径相同，夹角大于 $90°$ 时）工程量：$D'=D_1+1.5D_2+(10\sim20mm)$。

6）双管伴热（管径不同，夹角小于 $90°$ 时）工程量：$D'=D_1+D_{伴大}+(10\sim20mm)$。将4）5）6）的 D' 带入2）3）公式即是伴热管道的绝热层、防潮层和保护层工程量。

7）设备封头绝热工程量：$V=[(D+1.033\delta)/2]^2 \cdot \pi \cdot 1.033\delta \cdot 1.5 \cdot N$，$N$——设备封头个数。

8）设备封头防潮和保护层工程量：$S=[(D+2.1\delta)/2]^2 \cdot \pi \cdot 1.5 \cdot N$，$N$——设备封头个数。

9）阀门绝热工程量：$V=\pi \cdot (D+1.033\delta) \cdot 2.5D \cdot 1.033\delta \cdot 1.05 \cdot N$，$N$——阀门个数。

10）阀门防潮和保护层工程量：$S=\pi \cdot (D+2.1\delta) \cdot 2.5D \cdot 1.05 \cdot N$，$N$——阀门个数。

11）法兰绝热工程量：$V=\pi \cdot (D+1.033\delta) \cdot 1.5D \cdot 1.033\delta \cdot 1.05 \cdot N$，1.05——调整系数，$N$——法兰个数。

12）法兰防潮和保护层工程量：$S=\pi \cdot (D+2.1\delta) \cdot 1.5D \cdot 1.05 \cdot N$，$N$——法兰个数。

13）弯头绝热工程量：$V=\pi \cdot (D+1.033\delta) \cdot 1.5D \cdot 2\pi \cdot 1.033\delta \cdot N/B$，$N$——弯头个数；$B$ 值：90° 弯头 $B=4$；45° 弯头 $B=8$。

14）弯头防潮和保护层工程量：$S=\pi \cdot (D+2.1\delta) \cdot 1.5D \cdot 2\pi \cdot N/B$，$N$——弯头个数；$B$ 值：90° 弯头 $B=4$；45° 弯头 $B=8$。

15）拱顶罐封头绝热工程量：$V=2\pi r \cdot (h+1.033\delta) \cdot 1.033\delta$。

16）拱顶罐封头防潮和保护层工程量：$S=2\pi r \cdot (h+2.1\delta)$。

17）绝热工程第二层（直径）工程量：$D=(D+2.1\delta)+0.0082$，以此类推。

18）计算规则中调整系数按本节（7）绝缘工程工程量清单注意事项中系数执行。

9. 管道补口补伤工程（编码：031209）

管道补口补伤工程工程量清单包括刷油，防腐蚀，绝热，管道热缩套管四个清单项。

（1）刷油、防腐蚀、绝热按照除锈级别、油漆品种、绝热材料品种、管外径等列项，计算规则有两种：①以平方米计量，按设计图示表面积尺寸以面积计算；②以口计量，按设计图示数量计算；

（2）管道热缩套管按照除锈级别、热缩管品种、热缩管规格列项，按图示表面积计算。

10. 阴极保护及牺牲阳极（编码：031210）

阴极保护及牺牲阳极工程量清单共包括阴极保护，阳极保护，牺牲阳极三个清单项，按图示数量以"个（站）"计算。阴极保护按照仪表名称、型号，检查头数量，通电点数量等列项；阳极保护按照废钻杆规格、数量，均压线材质、数量，阳极材质、规格列项；牺牲阳极按照材质、袋装数量列项。

7.3.2　刷油、防腐蚀、绝热工程定额应用

《2012 北京市安装工程预算定额》第十二册《刷油、防腐蚀、绝热工程》内容包括除锈工程、刷油工程、防腐蚀涂料工程、绝热工程、管道补口补伤工程、阴极保护及牺牲阳极、措施项目费用，共 7 章。适用于工业与民用建筑项目中的设备安装、管道安装和金属结构等机电工程的刷油、防腐蚀、绝热工程项目。

1. 除锈工程

除锈工程包括动力工具除锈、喷射除锈、化学除锈等共三节 29 个子目，适用于金属表面的电动工具除锈、喷射除锈及化学除锈工程。

（1）工程量计算规则

1）设备、管道除锈以平方米计量，按设计图示表面积尺寸以面积计算。

2）结构除锈以千克计量，按金属结构的理论质量计算。

除锈工程量的计算，是按金属的表面积为单位计算的。金属结构虽然是以重量单位计算，但最初的测算也是按金属表面积测算的。

①圆形设备筒体、管道表面积计算公式：

$$S = \pi \times D \times L$$

式中　π——圆周率；

　　　D——设备或管道直径；

　　　L——设备筒体高或管道延长 m。

②圆形设备平端头表面积计算公式：

$$S = 0.25\pi \times D \times D \times N$$

式中　π——圆周率；

　　　D——设备直径；

　　　N——设备端头数量。

③球形设备表面积计算公式：

$$S = \pi \times D \times D$$

式中　π——圆周率；

　　　D——设备直径。

④方形设备表面积计算公式：

$$S = 2 \times (L \times B + L \times H + B \times H)$$

式中　L——长度；

　　　B——宽度；

　　　H——高度。

⑤计算设备筒体、管道表面积时已包括各种管件、阀门、法兰、人孔、管口凹凸部分，不再另外计算。

【例题】某矩形设备制作工程，其尺寸为 2000×1500×1200，设备外部梯子型钢 286kg，要求此设备内外刷漆，要求内壁达到 Sa2.5 级，外壁达到 Sa2 级。根据施工方案，采用石英砂除锈，请计算除锈工程量。

【解析】根据公式，$S = 2 \times (2 \times 1.5 + 2 \times 1.2 + 1.5 \times 1.2) = 14.4$（m²）

本题注意三点：

（1）方形设备可执行相应圆形设备子目。

（2）外壁为 Sa2 级，根据说明，在执行定额时应将人工、材料、机械乘以 0.9 系数。

（3）设备外部梯子执行钢结构除锈，钢结构的单位是 100kg，在执行定额时注意单位的换算。

定额工程量见表 7-5。

设备除锈工程定额工程量表   表 7-5

定额编号	项目名称	规格	单位	工程量	备注
1-6	设备喷石英砂除锈	内壁 1000 以上	m²	14.4	
1-7	设备喷石英砂除锈	外壁 1000 以上	m²	14.4	章说明规定
1-10	钢结构喷石英砂除锈		100kg	2.86	

（2）计价注意事项

1）未单独编制手工除锈子目，在管道刷油、防腐蚀子目中综合考虑。

2）喷射除锈按 Sa2.5 级标准确定。若变更级别标准，如采用 Sa3 级，定额乘以系数 1.1；如采用 Sa2 级或 Sa1 级，定额乘以系数 0.9。其中喷射除锈标准：

① Sa3 级：除净金属表面上的油脂、氧化皮、锈蚀产物等一切杂物，呈现均一的金属本色，并有一定的粗糙度。

② Sa2.5 级：完全除去金属表面上的油脂、氧化皮、锈蚀产物等一切杂物，可见的阴影条纹、斑痕等残留物不得超过单位面积的 5%。

③ Sa2 级：除去金属表面上的油脂、锈皮、松疏氧化皮、浮锈等杂物，允许有紧附的氧化皮。

3）喷射除锈采用的磨料按干燥的石英砂、河砂编制。喷砂除锈的施工方法是按现场机械干喷砂确定的，若不同时可按实际调整。

4）气柜喷砂除锈是气柜专用子目，其他除锈不得执行。

5）化学除锈定额是按硫酸酸洗液编制的，若采用盐酸、硝酸等酸洗方法，可以换算酸洗液价格。

6）因施工需要发生的二次除锈，根据规范或设计要求应另行计算。

2. 刷油工程

刷油工程包括管道、设备、金属结构刷油及布面、灰面、玛琋脂面刷油等共八节 160 个子目。

（1）工程量计算规则

1）管道刷油以平方米计量，按设计图示表面积尺寸以面积计算。钢管刷油工程量计算可查阅附录，铸铁管刷油工程量计算参照钢管刷油工程量计算表乘以系数 1.05。

2）设备及矩形管道刷油以平方米计量，按设计图示表面积尺寸以面积计算。设备刷油工程量计算公式见附录。

3）金属结构刷油以千克计量，按金属结构的理论质量计算。

4）灰面刷油、布面刷油、气柜刷油、玛琋脂面刷油均按设计图示表面积计算。灰面刷油、布面刷油工程量计算可查阅附录。

①设备与矩形管道刷油分油漆种类按刷漆面积计算。

②一般外形比较规矩的设备，可以采用公式计算表面积。下述为常见公式：

A. 圆形设备筒体、圆形设备平端头、球形设备、方形设备面积计算公式同除锈。

B. 矩形管道直管段（图 7-2）表面积计算公式：

$$S=2 \times L \times （B+H）$$

式中　L——长度；

　　　B——宽度；

　　　H——高度。

其他外形比较复杂的设备，应按照设备外形部位拆分成较小的形状，分别计算其面积，然后再加起来成为整个设备的面积。

通风管道和部件，应按照第七册《通风空调工程》后面附表计算。

③铸铁暖气片、铸铁管刷油

A. 铸铁暖气片刷油应分油漆种类按铸铁暖气片的表面积计算（表 7-6）。

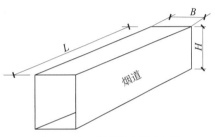

图 7-2　矩形管道外表面示意图

几种铸铁散热器散热面积表　　　　　　　　表 7-6

铸铁散热器名称	型号	散热面积（m²）
灰铸铁内腔无砂柱式散热器	TZ2-5-8（10）	0.148
	TZ4-3-5（8）	0.13
	TZ4-5-5（8）	0.20
	TZ4-6-5（8）	0.235
	TZY2-1.0/500-0.8（两柱 600 型）标 1	0.29
	TZ4-600-0.8（四柱 760 型）标	0.235
	TZ4-600-0.8（四柱 745 型）	0.236
	TZ3-600-0.8（三柱 745 型）	0.21
	TFD2-300-0.8（两柱 400 型）	0.18
	TZ4-760-5/B	0.223
	TZ4-760-C	0.19
	TZ4-760-D	0.185
椭柱型铸铁散热器	TTZ3-6-8（10）A	0.21
	TTZ3-5-5（8）	0.18
	TTZ3-3-5（8）	0.14

续表

铸铁散热器名称	型号	散热面积（m²）
灰铸铁柱翼型散热器	TZY2–1.0/6–5（8）700–标	0.33
	TZY2–1.0/5–5（8）600–标	0.24
	TZY2–1.0/3–5（8）400–标	0.25
	TZY2–1.0/500–8	0.29
铸铁内腔无砂散热器 M132 型	TZ2–500–0.8（M132）标	0.24
	TZ2–500–0.8（M132）A	0.235
	TZ2–500–0.8（M132）B	0.23
辐射对流铸铁散热器	TFD2–600–0.8（两柱700型）标2	0.32
	TFD2–600–0.8（两柱700型）A	0.30
	TFD2–600–0.8（两柱700型）B	0.26
	TFD2–600–0.8（两柱700型）C	0.24
	TFD2–600–0.8（两柱700型）D	0.22
	TFD2–600–0.8（两柱700型）E	0.21
	TFD2–600–0.8（两柱700型）F	0.19
圆管三柱 745 型	TYZ3–621–8	0.26
	TYZ3–6–8	0.179
仿钢制散热器	TYZ2–566	0.14
细四柱 725	T×Z4–6–5（8）	0.19
新型铸铁散热器	PTLQ–600–8（10）	0.25
	PTLQ–400–8（10）	0.17

注：各厂家产品代号是不同的，其散热面积也不相同，具体的散热面积应以厂家的产品为准。

B. 铸铁管刷油应分油漆种类按铸铁管的表面积计算。铸铁管的表面积可以按本册附表中钢管表面积计算再乘以 1.05。

【例题】某下水工程，采用"A"形柔性铸铁管，其中埋地部分要求刷沥青漆两道。计有 $DN150$ 的 120m，$DN100$ 的 48m，请计算此部分刷漆工程量。

解：按表 7-7 计算，$S=（120×0.5184+48×0.3581）×1.05 = 83.37（m²）$

铸铁管刷漆工程工程量表   表 7-7

定额编号	项目名称	规格	单位	工程量	备注
2–92	铸铁管刷沥青漆第一遍		m²	83.37	按附录钢管表面积 × 1.05
2–93	铸铁管刷沥青漆第二遍		m²	83.37	

④金属构件和支架刷油

金属构件和支架刷油应分油漆种类按金属构件和支架的重量计算，其中管道的支吊架人工乘以1.2。钢结构是指大型设备支架、平台、梯子、栏杆等设备附属部件。

【例题】某采暖工程，其支吊架工程量为824kg，要求刷二丹二银，请计算刷漆工程量。

【解析】刷漆工程量即为支吊架工程量。

工程量见表7-8。

支吊架刷漆工程工程量表

表7-8

定额编号	项目名称	单位	工程量	计算公式	备注
2-61	支吊架刷防锈漆第一遍	100kg	8.24	824/100	人工乘以1.2
2-62	支吊架刷防锈漆第二遍	100kg	8.24		
2-69	支吊架刷银粉漆第一遍	100kg	8.24		
2-70	支吊架刷银粉漆第二遍	100kg	8.24		

⑤气柜刷油

气柜刷油应分油漆种类按气柜的部位面积计算。气柜刷油是特指气柜，其他非气柜设备刷漆执行设备刷漆子目。

（2）计价注意事项

1）工作内容中包括手工除锈，不再另行计算。

2）各种管件、阀件和设备上人孔、管口凹凸部分的刷油已综合考虑在定额内，不得另行计算。

3）零星刷油（包括色环漆、喷标识及散热器补口等）执行本章定额相应项目，其人工乘以系数2.0。

4）设备及管道的支架、吊架刷油均执行金属结构刷油子目，其中管道支架和吊架刷油的人工乘以系数1.2。

5）涂底漆按安装前集中涂（喷）漆编制,涂面漆按安装地点就地涂（喷）漆编制；若涂底漆需在安装地点就地涂漆，其人工乘以系数1.2。

6）金属结构刷油、防腐蚀项目适用于一般钢结构（包括吊架、支架、托架、梯子、栏杆及平台等）工程和管廊钢结构工程。

7）按涂油漆种类，不分室内、室外和埋地、隐蔽、金属表面、玻璃布表面，抹灰表面涂刷油漆和金属表面喷漆，按层次分道数套用相应定额子目。

8）计算工程量时，注意计量单位与《安装工程量计算规范2013》附录M的区别。

3. 防腐蚀涂料工程

防腐蚀涂料工程包括设备、管道、金属结构的防腐蚀以及金属油罐内壁防静电、环氧煤沥青防腐蚀等共六节291个子目。

（1）工程量计算规则

1）设备防腐蚀按设计图示表面积计算；

2）管道防腐蚀以平方米计量，按设计图示表面积尺寸以面积计算；

3）金属结构防腐蚀按金属结构的理论质量计算；

4）金属油罐内壁静电、环氧煤沥青防腐蚀按设计图示表面积计算；

5）涂料聚合一次按设计图示表面积计算。分蒸汽和红外线，其中设备、管道以平方米计量；钢结构以千克计量。

【例题】某拱顶油罐尺寸如图7-3所示，要求内壁刷防静电涂料，两底两面，请计算防静电涂料工程量。

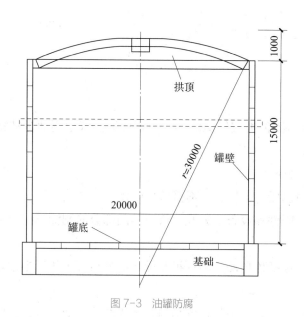

图7-3 油罐防腐

【解析】根据题意，求出油罐内表面积；内表面积应为：罐底面积＋罐壁面积＋拱顶面积

罐底面积 $S_底 = 0.25\pi \times D \times D = 0.25\pi \times 20 \times 20 = 314.16\,(\text{m}^2)$

罐壁面积 $S_壁 = \pi \times D \times H = \pi \times 20 \times 15 = 942.48\,(\text{m}^2)$

拱顶面积 $S_顶 = 2 \times \pi \times r \times h = 2 \times \pi \times 30 \times 1 = 188.50\,(\text{m}^2)$（按球冠面积公式计算）

$S = S_底 + S_壁 + S_顶 = 314.16 + 942.48 + 188.50 = 1445.14\,(\text{m}^2)$

工程量见表7-9。

防静电涂料工程工程量表   表7-9

定额编号	项目名称	规格	单位	工程量	计算公式
3-222	金属油罐内壁刷防静电涂料	底漆两遍	m²	1445.14	314.16+942.48+188.50
3-224	金属油罐内壁刷防静电涂料	面漆两遍	m²	1445.14	

（2）计价注意事项

1）工作内容中包括手工除锈，不再另行计算。

2）涂料配合比与实际设计配合比不同时，可根据设计要求进行换算，其人工、机械消耗量不变。

3）聚合热固化是采用蒸汽及红外线间接聚合固化考虑的，如采用其他方法，应按施工方案另行计算。

4）设备及管道的支、吊架防腐蚀均执行金属结构防腐蚀子目，其中管道支吊架防腐蚀的人工乘以系数1.2。

5）如采用本章定额未包括的新品种涂料，应按相近定额子目执行，其人工、机械消耗量不变。

6）计算设备、管道内壁防腐蚀工程量时，当壁厚 ≥ 10mm 时，按其内径计算；当壁厚 < 10mm 时，按其外径计算。

4. 绝热工程

绝热工程包括设备、管道、阀门、法兰的绝热、喷涂、涂抹以及管道防结露、防潮层、保护层等共九节273个子目，适用于各种设备、管道、风管、阀门及法兰的绝热工程和管道设备的防潮层、保护层的安装。

（1）工程量计算规则

1）设备绝热分材质、绝热层厚度以立方米计量，按设计图示体积计算；设备绝热工程量计算公式见附录。

2）管道绝热分材质、管道规格以立方米计量，按设计图示体积计算；管道绝热工程量计算可查阅附录。

3）通风管道绝热分材质、绝热层厚度以平方米计量，按风管净面积计算。

4）阀门、法兰绝热分材质以立方米计量，按设计图示体积计算；阀门、法兰绝热工程量计算可查阅附录。

5）喷涂、涂抹分材质、厚度以平方米计量，按设计图示表面积计算。

6）防潮层、保护层分材质、厚度均以平方米计量，按设计图示表面积计算。管道、阀门、法兰保护层工程量计算可查阅《2012北京市安装工程预算定额》第十二册《刷油、防腐蚀、绝热工程》第四章附录。

7）保温托盘、钩钉制作安装以千克计量，按图示金属结构质量计算；保温盒制作安装以平方米计量，按图示表面积计算。

8）管道防结露分材质、厚度以立方米计量，按设计图示体积计算；管道防结露工程量参照管道绝热工程量计算。

【例题】某立式设备如图7-4所示，采用泡沫玻璃板保温，保温厚度为160mm。其中上下拱顶相同，请计算保温工程量。

【解析】由于保温厚度为160mm，所以需要分成两次保温，每次保温为80mm。

第一层保温：筒体 $V_1 = \pi \times (D + \delta + \delta \times 3.3\%) \times (\delta + \delta \times 3.3\%)$
$\times L = \pi \times (2 + 0.08 + 0.08 \times 3.3\%) \times (0.08 + 0.08 \times 3.3\%) \times 5$
$= 2.7035 (\text{m}^3)$

拱顶 $V_1 = 2 \times \pi \times r \times (h + \delta + \delta \times 3.3\%) \times (\delta + \delta \times 3.3\%) \times 2$
$= 2 \times \pi \times 1.5 \times (1 + 0.08 + 0.08 \times 3.3\%) \times (0.08 + 0.08 \times 3.3\%)$
$\times 2 = 1.6865 (\text{m}^3)$

$V = 2.7035 \text{m}^3 + 1.6865 \text{m}^3 = 4.39 (\text{m}^3)$

第二层保温：筒体 $V_2 = \pi \times (D + \delta + \delta \times 3.3\%) \times (\delta + \delta \times 3.3\%)$
$\times L = \pi \times [(2 + 0.08) + 0.08 + 0.08 \times 3.3\%] \times (0.08 + 0.08 \times 3.3\%)$
$\times 5 = 2.8073 (\text{m}^3)$

拱顶 $V_2 = 2 \times \pi \times r \times (h + \delta + \delta \times 3.3\%) \times (\delta + \delta \times 3.3\%) \times 2$

$= 2 \times 3.1416 \times (1.5 + 0.08 \times 2) \times [(1 + 0.08) + 0.08 + 0.08 \times 3.3\%] \times (0.08 + 0.08 \times 3.3\%) \times 2 = 2.0043 (\text{m}^3)$

$V = 2.8073 + 2.0043 = 4.8116 (\text{m}^3)$

总计：$4.39 + 4.8116 = 9.2016 (\text{m}^3)$

工程量见表 7-10。

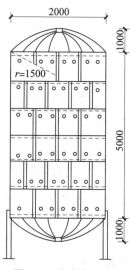

图 7-4 立式设备保温

设备保温工程工程量表

表 7-10

定额编号	项目名称	规格	单位	工程量
4-18	泡沫玻璃制品安装	立式设备 $\delta = 80\text{mm}$	m^3	9.2016

（2）计价注意事项

1）定额中管道绝热分为 $DN50 \sim DN900$，本定额附表中的规格列到 $DN700$，$DN750 \sim DN900$ 应按公式计算。规格大于 $DN900$ 的管道、阀门及法兰保温，应执行设备绝热相应子目。

2）设备保温包铁丝网不包括焊钩钉和制作钩钉的工费和料费，如果需要，另执行钩钉制作安装定额。

3）防结露保温是分厚度按体积，而不是按面积计算。

4）管道接口现场保温定额，用于直埋保温管接口处现场保温；三通接头保温执行弯头保温定额乘以系数 1.3。

5）若采用不锈钢薄板作保护层时，执行本章镀锌钢板保护层定额子目；主材可以换算，其人工乘以系数 1.25，机械含量乘以系数 1.15。

6）镀锌钢板、铝板保护层定额，板厚度是按 0.5mm 以下综合考虑的，若采用厚度大于 0.5mm 时，可换算板材价格，其人工乘以系数 1.2。

7）玻璃丝布、塑料布保护层定额均按缠裹一层编制，若设计要求缠裹两层，其工程量乘以 2。

5. 管道补口补伤工程

管道补口补伤工程包括刷油、防腐蚀等管道补口补伤共二节 220 个子目，适用于金属管道补口补伤的防腐工程。

（1）工程量计算规则

1）管口刷油以口计量，按设计图示数量计算；

2）管口防腐以口计量，按设计图示数量计算。

（2）计价注意事项

1）均采用手工操作，工作内容中包括手工除锈。

2）补漆的做法应与原管道做法一致，即原管道刷几道漆，补口时也应刷几道，不得多刷或少刷。

3）绝热的补口不在本章范围内。

4）管道补口每个口取定长度：管外径 426mm 以下，管道每个补口长度为 400mm；管外径 426mm 以上，管道每个补口长度为 600mm。

5）各类涂料涂层厚度

①氯磺化聚乙烯漆为 0.3~0.4mm 厚。

②环氧煤沥青漆涂层厚度：普通级：0.3mm 厚，包括底漆一遍，面漆二遍；加强级：0.5mm 厚，包括底漆一遍，面漆三遍及玻璃布一层；特加强级：0.8mm 厚，包括底漆一遍，面漆四遍及玻璃布二层。

③聚乙烯胶粘带厚度：普通级：≥ 0.7mm 厚，包括聚乙烯防腐胶带（防腐带，内带）以 50% 搭接缠绕；加强级：≥ 1.0mm 厚，包括聚乙烯防腐胶带（防腐带，内带）和聚乙烯保护胶带（保护带，外带）组合，内带以 50% 搭接缠绕，外带以 10% 搭接缠绕；特加强级：≥ 1.4mm 厚，包括聚乙烯防腐胶带（防腐带，内带）和聚乙烯保护胶带（保护带，外带）组合，内带和外带均以 50% 搭接缠绕。

本章小结

（1）本章介绍了刷油、防腐蚀、绝热工程中的目的及绝热工程中设备及管道绝热结构组成，以及防腐材料、刷油材料的分类、施工工艺。

（2）《安装工程量计算规范 2013》附录 M 刷油、防腐蚀、绝热工程，包括刷油工程、防腐蚀涂料工程、手工糊衬玻璃钢工程、橡胶板及塑料板衬里工程、衬铅及搪铅工程、喷镀（涂）工程、耐酸砖、板衬里工程、绝热工程、管道补口补伤工程、阴极保护及牺牲阳极共 11 分部工程。

思考题

1. 钢材表面锈蚀等级如何划分？

2. 请简述除锈方法。

3. 简述涂装前钢材表面锈蚀等级和除锈等级标准。

4. 钢结构及设备刷油工程量计算有何差异？

5. 阀门、弯头、法兰在防腐蚀涂料工程的计量方式是什么？

参考文献

[1] 全国造价工程师职业资格考试培训教材编审委员会 . 建设工程技术与计量（安装工程）[M]. 北京：中国计划出版社，2019.

[2] 北京市建设工程招标投标和造价管理协会 . 建设工程计量与计价实务（安装工程）[M]. 北京：机械工业出版社，2019.

[3] 中华人民共和国住房和城乡建设部 . 通用安装工程工程量计算规范：GB 50856—2013 [S]. 北京：中国计划出版社，2013.

[4] 北京市住房和城乡建设委员会 . 北京市建设工程计价依据——预算定额 第三册 通用安装工程预算定额 [M]. 北京：中国建筑工业出版社，2012.

[5] 李海凌，卢永琴 . 安装工程计量与计价 [M]. 2 版 . 北京：机械工业出版社，2017.

[6] 丰艳萍，严景宁，夏辉 . 安装工程计量与计价 [M]. 北京：机械工业出版社，2014.

[7] 郝丽，段红霞 . 安装工程计量与计价 [M]. 北京：化学工业出版社，2017.

[8] 卜城，屠峥嵘，杨旭东，等 . 建筑设备 [M]. 北京：中国建筑工业出版社，2010.